だれでもわかる数理統計

石村貞夫・著

まえがき

"21 世紀は　統計学が　必須学問？！"

　この本は，理工系大学生のための
　　　　　　『統計の計算ができるようになるテキスト』
を目標に，
　　　　　"読みやすい"　"分りやすい"　"使いやすい"
の 3 点に配慮して，書かれています．

　この本では，高校数学の範囲で，十分学べるよう配慮しています．

　特に，次の 3 つの点に注意して，1 章から 14 章までを構成しました．
　　　1．ポイントをしぼって，すっきり解説！
　　　2．図やグラフを使って，見ながら理解！
　　　3．飛躍のない計算で，じっくり納得！

目次は
大学の講義のシラバスと同じ！

　したがって，抽象的議論は，いっさいありません．

　各章の終わりには，学んだ内容を再確認するための，演習問題も用意されています．
　演習問題で，さらに統計力をレベルアップ！！

もちろん，この本は公式と例題が対応しているので
　　　　　　　　"統計の計算ができるようになる自習書"
としても使えるように，いたるところ工夫されています．

　いま，世界は，業績も仕事の成果も，
　　　　　　　データで表現し，データで評価される
時代です．
　したがって，
　　　　　　データをまとめる方法としての統計学
は，これからの
　　　　　　　必要欠くべからざるアイテム
となるはずです．

　21世紀は，
　　　　　　　　　統計学が"旬"
ですね．

　この本を作成するにあたり，お世話になりました
講談社の大塚記央さん，慶山篤さんに深く感謝いたします．
　最後に，この本の原稿に目を通していただき，
数多くの御指摘をくださいました
早稲田大学理工学部数学科の楫 元教授に
満腔の感謝の意を表します．

2016年8月吉日

Attention Please!!
有効数学の桁数の取り方によっては，
例題や演習の計算結果が少し異なります

目　　次

第 1 章　統計学とデータ

§1.1　統計学とは …………………………………………………… 8
§1.2　データの種類とデータの収集 ……………………………… 10
§1.3　いろいろな理工系データの例 ……………………………… 12

第 2 章　度数分布表とヒストグラムの作成

§2.1　データの要約 ………………………………………………… 14
§2.2　度数分布表の作成 …………………………………………… 16
§2.3　ヒストグラムとは？ ………………………………………… 19
§2.4　度数分布表の公式と例題 …………………………………… 22

第 3 章　基礎統計量の計算

§3.1　1 変数のデータの統計量 …………………………………… 26
§3.2　平均値とは？ ………………………………………………… 28
§3.3　分散・標準偏差とは？ ……………………………………… 30
§3.4　中央値・最頻値・5% トリム平均とは？ ………………… 33
§3.5　平均値・分散・標準偏差の公式と例題 …………………… 34

第4章 散布図の作成と相関係数の計算

§4.1 2変数のデータの統計量 …………………………………… 38
§4.2 散布図とは？ ………………………………………………… 40
§4.3 相関係数の計算 ……………………………………………… 42
§4.4 共分散とは？ ………………………………………………… 44
§4.5 相関係数の公式と例題 ……………………………………… 46

第5章 回帰直線の手順と計算

§5.1 散布図から回帰直線へ ……………………………………… 50
§5.2 回帰直線の求め方 …………………………………………… 51
§5.3 回帰直線の公式と例題 ……………………………………… 54
§5.4 回帰直線の当てはまりの良さとは？ ……………………… 56
§5.5 曲線推定 ……………………………………………………… 58

第6章 統計のカベ －確率・確率変数・確率分布－

§6.1 統計のカベ？ ………………………………………………… 64
§6.2 確率分布の平均と分散・標準偏差 ………………………… 66
§6.3 2項分布とは？ ……………………………………………… 70
§6.4 正規分布とは？ ……………………………………………… 72

第7章 統計的推定・検定のための確率分布

§7.1 記述統計と推測統計 ………………………………………… 78
§7.2 カイ2乗分布とは？ ………………………………………… 80
§7.3 t 分布とは？ ………………………………………………… 84
§7.4 F 分布とは？ ………………………………………………… 88

第8章　統計的推定・その1 ―母平均の区間推定の計算―

- §8.1　母平均の区間推定とは？ …………………………………… 92
- §8.2　母平均の区間推定のしくみ ………………………………… 94
- §8.3　母平均の区間推定の公式と例題 …………………………… 98

第9章　統計的推定・その2 ―母比率の区間推定の計算―

- §9.1　母比率の区間推定とは？ …………………………………… 102
- §9.2　母比率の区間推定のしくみ ………………………………… 104
- §9.3　母比率の区間推定の公式と例題 …………………………… 106

第10章　統計的検定の手順と計算 ―2つの母平均の差の検定―

- §10.1　統計的検定の手順 ………………………………………… 110
- §10.2　第1種の誤りと第2種の誤り ……………………………… 112
- §10.3　検出力と効果サイズ ……………………………………… 114
- §10.4　2つの母平均の差の検定 …………………………………… 118
- §10.5　2つの母平均の差の検定の公式と例題 …………………… 120

第11章　1元配置の分散分析 ―3つ以上あるグループ間の差の検定―

- §11.1　1元配置の分散分析とは？ ………………………………… 128
- §11.2　1元配置の分散分析 ………………………………………… 131
- §11.3　1元配置の分散分析の公式と例題 ………………………… 134

第12章 クロス集計表の作成と独立性の検定

- §12.1　クロス集計表とは？　……………………………………　144
- §12.2　クロス集計表の作り方　……………………………………　146
- §12.3　独立性の検定の公式と例題　………………………………　150
- §12.4　独立？ オッズ比？ 2つの比率の差！　…………………　152
- §12.5　独立性の検定の公式ー$m \times n$クロス集計表の場合ー　……　155

第13章 適合度検定の計算手順

- §13.1　適合度検定とは？　…………………………………………　158
- §13.2　適合度検定の公式と例題　…………………………………　160

第14章 管理図の作成

- §14.1　管理図とは？　………………………………………………　164
- §14.2　管理図のしくみ　……………………………………………　166
- §14.3　標本平均に関する$\bar{X}$管理図ー標準値が与えられていない場合ー
  ……………………………………………………………………　174
- §14.4　標本範囲に関するR管理図ー標準値が与えられていない場合ー
  ……………………………………………………………………　176
- §14.5　標本平均と標本範囲に関する$\bar{X}$-R管理図の公式と例題　‥　178

数　　表　……………………………………………………………　183

第1章 統計学とデータ

この章ではデータの種類，データの収集について学びます．

§1.1 統計学とは

統計学の出発点は

"研究対象から データ を取り出す"

ことから始まります．

> データ
> = datum（単数）
> = data（複数）

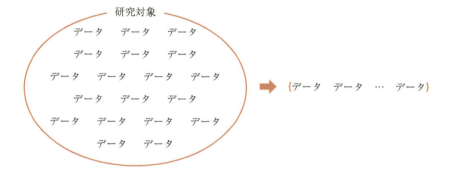

データが集まると

- データの特徴をグラフで表現する
    - 棒グラフ　円グラフ　折れ線グラフ　散布図
- データの特徴を数値で表す
    - 平均値　分散　標準偏差　相関係数

といった記述統計から，さらに

- データの統計的推定　→　区間推定
- データの統計的検定　→　仮説の検定

といった，より高度な推測統計へと進みます．

■ グラフ表現とは…

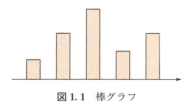

図 1.1　棒グラフ

> 統計処理の
> 第一歩は
> グラフ表現です

■ 基礎統計量とは…

表 1.1　基礎統計量

	平均値	分散	標準偏差
変数			

> データから
> 計算された
> 数値を
> 統計量と
> いいます

■ 統計的推定とは…

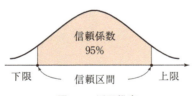

図 1.2　区間推定

> 信頼係数は
> 母数が区間に
> 含まれる
> パーセントです

■ 統計的検定とは…

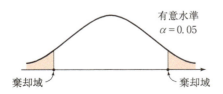

図 1.3　検定のための棄却域

> 有意水準は
> 仮説が棄却される
> 領域の確率です

§1.1　統計学とは

§1.2 データの種類とデータの収集

■ データの種類

データは

- **数値データ** … 実験の測定値など
- **順序データ** … 薬品の危険度など
- **名義データ** … 材料の種類など

の3種類に分類することができます

・名義尺度
・順序尺度
・間隔尺度
・比 尺度

の4種類に
分類することも
あります

この分類方法は，次の具体例を見ると
すぐにナットクできます．

例 1.1

次のデータは，各地域におけるオオタカの観察記録です．

表 1.2 データの種類の例

地域	地目	危険度	個体数
A	里山	継続観察	7
B	湖沼	消滅危惧	3
C	宅地	消滅	0
D	里山	消滅危惧	6
E	人里	消滅寸前	1
F	山林	継続観察	5
G	畑	消滅寸前	2
	↑ 名義 データ	↑ 順序 データ	↑ 数値 データ

理工系の
データを
探してみよう！
➡ P12, P13

■ データの収集－実験データ－

理工系の場合，実験や観測によってデータを収集したり，データの測定をしたりします．

このときの注意点は，次のフィッシャーの3原則です

  (1) 反復   (Replication)
  (2) 無作為化 (Randmization)
  (3) 局所管理 (Local Control)

R. A. Fisher
(1890-1962)
英国人．恐い人

ところで，データを集める前に，
   実験計画
をしっかりと立てておきましょう．

■ データの収集－調査データ－

アンケート調査票を利用して，データを集めることもあります．

> **アンケート調査表**
>
> 質問項目 A. あなたは赤ワインが好きですか？
> 回答 (1) 好き (2) かなり好き (3) 大好き

人文科学や
社会調査の
分野では
アンケート調査
をおこなって，
データを
収集します

インターネットなどで，データを検索することもあります
興味のある実験・研究に関するキーワードを
パソコンに入力して検索してみましょう

§1.3 いろいろな理工系データの例

理工系のデータでは，数値データが中心となります．

例1.2

表 1.3　河川 A の水質調査

資料 No	Na mg/L	Mg mg/L	NH_4 mg/L	pH
1	5.63	0.65	0.32	7.3
2	2.86	0.72	0.15	7.6
3	4.54	0.57	0.24	7.4
4	5.21	0.61	0.18	7.2
5	4.18	0.52	0.27	7.5
6	3.85	0.51	0.19	7.3
7	5.08	0.49	0.51	7.7
8	4.94	0.68	0.43	7.4
9	5.62	0.95	0.34	7.8
10	6.96	0.44	0.29	7.6

グループ A

表 1.4　河川 B の水質調査

資料 No	Na mg/L	Mg mg/L	NH_4 mg/L	pH
1	8.71	0.47	0.27	7.3
2	2.73	0.81	0.26	7.2
3	6.36	0.52	0.16	6.8
4	2.15	0.43	0.08	6.9
5	5.09	0.85	0.23	7.2
6	4.26	0.72	0.18	7.5
7	7.83	0.81	0.27	7.4
8	5.21	0.46	0.12	7.1
9	6.25	0.52	0.35	7.3
10	4.43	0.84	0.26	7.2

グループ B

このデータの統計処理は？
➡ P30　P96

例1.3

次のデータは，モルモットによる交雑実験の結果です．

表 1.5　モルモットの交雑実験

タイプ	黒髪短毛	黒髪長毛	茶髪長毛	茶髪短毛	合計
個体数	31	14	9	5	59

このデータの
統計処理は？
➡ P161

例 1.4

次のデータは，いろいろな条件

極板面積　極板距離　電流値　溶液濃度

のもとで，硫酸銅水溶液の電気分解の実験をおこない，そのとき析出した銅の質量を測定した結果です．

表 1.6

資料 No	極板面積 cm²	極板距離 cm	電流値 mA	溶液濃度 mol L^{-1}	銅析出量 μg
1	14.2	5.6	254	0.47	95
2	8.2	8.6	176	0.48	69
3	3.3	3.6	206	0.59	91
4	8.5	2.3	231	0.32	72
5	6.1	2.7	115	0.47	46
6	5.1	7.5	153	0.33	61
7	6.3	6.2	89	0.42	39
8	9.2	6.2	112	0.23	34
9	11.4	3.1	217	0.41	83
10	10.6	5.3	72	0.32	24
11	14.6	7.2	102	0.32	31
12	12.7	7.4	183	0.39	72
13	7.5	8.5	84	0.26	33
14	8.5	5.8	158	0.26	49
15	8.9	7.2	115	0.56	55

このデータの統計処理は？
➡ P39　P55

例 1.5

次のデータは，ある半導体に微量元素 A, B, C を加え，製品の合格不合格について調査した結果です．

表 1.7　微量元素の添加と製品の合格・不合格

		微量元素の添加			合計
		A	B	C	
製品	合格	29	26	18	73
	不合格	11	14	22	47
合計		40	40	40	120

このデータの統計処理は？
➡ P146

第2章 度数分布表とヒストグラムの作成

この章では確率分布の基礎となる度数分布表，ヒストグラムといったデータの分布について学びます．

§2.1 データの要約

理工系の統計では，次のような度数分布表やヒストグラムがよく利用されています．

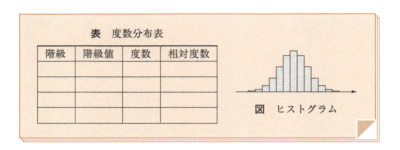

- **度数分布表**の目的は……
    "データを要約すること"
- **ヒストグラム**の目的は……
    "データの分布の状態をながめること"

> 度数分布表
> = frequency table
>
> ヒストグラム
> = histogram

度数分布表やヒストグラムは，確率分布への入口にもなっています．

> … グラム
> = … gram
> = … を描く

理工系のデータを使って，
度数分布表 や ヒストグラム
を実際に作成してみましょう！

例 2.1 次のデータは，100 人の学生が地点 A と地点 B との距離を測定したときの測定誤差です．

表 2.1 100 個の測定誤差

No	測定誤差	No	測定誤差	No	測定誤差	No	測定誤差
1	−1.9	26	17.6	51	−10.2	76	−8.8
2	1.4	27	7.9	52	−4.4	77	4.8
3	6.9	28	2.4	53	12.6	78	−0.5
4	−0.4	29	5.3	54	−4.2	79	−0.6
5	−3.4	30	−0.2	55	3.2	80	−9.2
6	12.8	31	−15.2	56	0.1	81	−4.7
7	7.4	32	3.3	57	−9.3	82	−7.4
8	−13.8	33	6.9	58	2.4	83	13.8
9	7.6	34	2.7	59	−6.0	84	8.2
10	14.5	35	0.9	60	11.8	85	−7.7
11	16.8	36	−2.6	61	−12.3	86	8.3
12	−0.7	37	−0.8	62	−10.2	87	15.8
13	−2.7	38	0.9	63	−5.3	88	−1.9
14	0.9	39	1.4	64	−14.4	89	8.9
15	2.4	40	−2.8	65	−1.2	90	−8.7
16	−1.4	41	−3.5	66	−16.4	91	−1.2
17	−12.2	42	−13.4	67	7.2	92	14.2
18	7.2	43	12.6	68	−3.1	93	4.4
19	0.6	44	−17.1	69	9.6	94	4.5
20	−6.4	45	−5.5	70	2.2	95	−2.6
21	−4.5	46	−6.7	71	−5.2	96	9.7
22	−0.9	47	−4.9	72	−11.8	97	2.5
23	1.3	48	−6.9	73	2.5	98	−7.9
24	19.5	49	−2.4	74	4.0	99	0.2
25	−4.8	50	−1.4	75	7.3	100	−8.9

測定誤差＝測定値−真値

§2.2 度数分布表の作成

度数分布表の目的はデータの要約です．

そこで，データをいくつかの**階級**に分類し次のような表にまとめてみましょう．

> 階級
> = class

表 2.2 度数分布表の形

階級	階級値	度数	相対度数	累積度数	累積相対度数
～					
～					
～					
～					
～					
合計					

例 2.2

表 2.1 のデータから，測定誤差は

$$\text{最小値} = -17.1 \qquad \text{最大値} = 19.5$$

なので，階級は -20 から 20 までの 8 つの区間に分けることにします．

表 2.3 度数分布表の階級と階級値

階級	階級値	度数	相対度数	累積度数	累積相対度数
-20 ～ -15	-17.5				
-15 ～ -10	-12.5				
-10 ～ -5	-7.5				
-5 ～ 0	-2.5				
0 ～ 5	2.5				
5 ～ 10	7.5				
10 ～ 15	12.5				
15 ～ 20	17.5				

> 階級の数は階級の数値がスッキリするように決めます

この階級の区間に含まれるデータの個数を

度数

といいます.

度数
＝frequency

度数を数えるときには，データを大きさの順に並べ替えておくと便利です.

例 2.3

表 2.1 のデータを大きさの順に並べ替えると，次のようになります.

表 2.4　データを大きさの順に並べ替えると…

No	測定誤差		No	測定誤差		No	測定誤差		No	測定誤差	
44	−17.1		71	−5.2		78	−0.5		29	5.3	
66	−16.4	3個	47	−4.9		4	−0.4		3	6.9	
31	−15.2		25	−4.8		30	−0.2		33	6.9	
64	−14.4		81	−4.7		56	0.1		18	7.2	
8	−13.8		21	−4.5		99	0.2		67	7.2	
42	−13.4		52	−4.4		19	0.6		75	7.3	
61	−12.3		54	−4.2		14	0.9		7	7.4	
17	−12.2	8個	41	−3.5		35	0.9		9	7.6	14個
72	−11.8		5	−3.4		38	0.9		27	7.9	
51	−10.2		68	−3.1		23	1.3		84	8.2	
62	−10.2		40	−2.8		2	1.4		86	8.3	
57	−9.3		13	−2.7		39	1.4		89	8.9	
80	−9.2		36	−2.6		70	2.2		69	9.6	
100	−8.9		95	−2.6	27個	15	2.4	22個	96	9.7	
76	−8.8		49	−2.4		28	2.4		60	11.8	
90	−8.7		1	−1.9		58	2.4		43	12.6	
98	−7.9		88	−1.9		73	2.5		53	12.6	
85	−7.7		16	−1.4		97	2.5		6	12.8	7個
82	−7.4	15個	50	−1.4		34	2.7		83	13.8	
48	−6.9		65	−1.2		55	3.2		92	14.2	
46	−6.7		91	−1.2		32	3.3		10	14.5	
20	−6.4		22	−0.9		74	4.0		87	15.8	
59	−6.0		37	−0.8		93	4.4		11	16.8	
45	−5.5		12	−0.7		94	4.5		26	17.6	4個
63	−5.3		79	−0.6		77	4.8		24	19.5	

・階級 $a \sim b$ を $a \leq x < b$ とする場合　と　$a < x \leq b$ とする場合の2通りがあります.

§2.2　度数分布表の作成

100 個の測定誤差の度数分布表は，次のようになります．

度数の多い階級のところに，このデータの特徴が現れます．

表 2.5 これが測定誤差の度数分布表です

階級	階級値	度数	相対度数	累積度数	累積相対度数
$-20 \sim -15$	-17.5	3	0.03	3	0.03
$-15 \sim -10$	-12.5	8	0.08	11	0.11
$-10 \sim -5$	-7.5	15	0.15	26	0.26
$-5 \sim 0$	-2.5	27	0.27	53	0.53
$0 \sim 5$	2.5	22	0.22	75	0.75
$5 \sim 10$	7.5	14	0.14	89	0.89
$10 \sim 15$	12.5	7	0.07	96	0.96
$15 \sim 20$	17.5	4	0.04	100	1.00

ところで

"階級の個数をいくつにすればよいのか？"

という問題は，昔から多くの人々を悩ませてきました．

階級の個数 n を決める目安の一つに，有名な**スタージェスの公式**

$$n \fallingdotseq 1 + \frac{\log_{10} N}{\log_{10} 2} = 1 + \log_2 N$$

があります．

> スタージェス
> ＝ Sturges

> N はデータの個数です

階級の個数 n は，5〜10 程度が一般的です．

> $N=100$ の場合
> $$1 + \frac{\log_{10} 100}{\log_{10} 2} = 1 + \frac{2}{0.301} = 7.64$$
> したがって，$n=7$ または $n=8$

§2.3 ヒストグラムとは？

統計処理の第一歩は，グラフ表現です．

度数分布表をグラフで表現してみましょう．
このグラフ表現のことを
　　　　　　　　ヒストグラム
といいます．

度数分布表の
　　　　　　　階級を横軸に　　度数を縦軸に
とると，ヒストグラムができあがります．
ヒストグラムを描いてみると
　　　　　　　　データの分布の状態
がよくわかります．
100個の測定誤差のヒストグラムは，次のようになります．

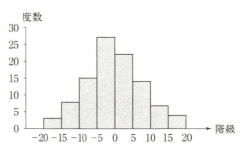

図 2.1　測定誤差のヒストグラム

Excel の分析ツールを利用しても，
ヒストグラムが描けます

■ ヒストグラムから読み取れること

ヒストグラムには，いろいろな形があります．
その基本となる形は，正規分布のグラフです．

正規分布のグラフは，富士山のような形をした左右対称のグラフです．

① 正規分布のようなヒストグラム

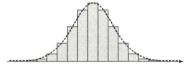

図 2.2　正規分布のようなヒストグラム

正規分布は6章で学びます

② 正規分布に比べて，山の形が左によっているヒストグラム

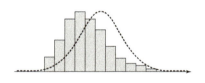

図 2.3　山が左によっているヒストグラム

"スソが右に長い"という表現もあります

③ 正規分布に比べて，山の形が右によっているヒストグラム

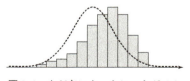

図 2.4　山が右によったヒストグラム

"スソが左に長い"という表現もあります

④ 正規分布に比べて，山の形がなだらかなヒストグラム

図 2.5　山がなだらかなヒストグラム

> 面積が一定なので
> 山が低くなると
> スソが広くなります

> "スソが長い"
> という表現も
> あります

⑤ 正規分布に比べて，山の形がとがっているヒストグラム

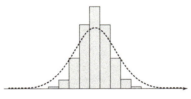

図 2.6　山がとがっているヒストグラム

> 面積が一定なので
> 山が高くなると
> スソが狭くなります

> "スソが短い"
> という表現も
> あります

> 次のような性質をもった数
> $$p_1, p_2, \cdots, p_n$$
> を**確率**といいます
> (1) $p_1 \geq 0, p_2 \geq 0, \cdots, p_n \geq 0$
> (2) $p_1 + p_2 + \cdots + p_n = 1$

> したがって，
> 度数分布表の相対度数は
> 確率
> と考えることができます

§2.4 度数分布表の公式と例題

■ **公式** ―度数分布表の作り方―

① データの最大値 a_n と最小値 a_0 を探します．
② 最大値−最小値を**範囲** R といいます．
　この範囲 R を n 個の等間隔の階級に分割し，

$$a_1 = a_0 + \frac{R}{n} \quad a_2 = a_1 + \frac{R}{n} \quad \cdots \quad a_{n-1} = a_{n-2} + \frac{R}{n}$$

とします．

③ 各階級に属するデータの個数 f_i を数え上げると次のような度数分布表ができあがります．

> 最大値
> = maximal value
> 最小値
> = minimal value

> 範囲
> = range

表 2.6 度数分布表の形

階級	階級値	度数	相対度数	累積度数	累積相対度数
$a_0 \sim a_1$	m_1	f_1	$\dfrac{f_1}{N}$	f_1	$\dfrac{f_1}{N}$
$a_1 \sim a_2$	m_2	f_2	$\dfrac{f_2}{N}$	$f_1 + f_2$	$\dfrac{f_1 + f_2}{N}$
⋮	⋮	⋮	⋮	⋮	⋮
$a_{n-1} \sim a_n$	m_n	f_n	$\dfrac{f_n}{N}$	$f_1 + f_2 + \cdots + f_n$	$\dfrac{f_1 + f_2 + \cdots + f_n}{N}$
合計		N	1		

各階級に度数 f_i の和

$$f_1 \quad f_1 + f_2 \quad \cdots \quad f_1 + f_2 + \cdots + f_n$$

を対応させたものを**累積度数**といいます．

度数 f_i や累積度数 $f_1 + f_2 + \cdots + f_i$ を**総度数** N で割った

$$\frac{f_i}{N} \quad \frac{f_1 + f_2 + \cdots + f_i}{N}$$

を**相対度数**，**累積相対度数**といいます．

> 階級値
> $= \dfrac{a_1 - a_0}{2}$

■ **例題** ―度数分布表の作り方―

① 例 2.1 のデータの中から
測定誤差の最大値と最小値を探します．

最大値 = ☐   最小値 = ☐

② 次に，測定誤差の範囲を求めます．

範囲 = ☐ − ☐ = ☐

そこで，階級の数を $\boxed{7}$，階級の幅を $\boxed{5}$ とします．

Excel
⇩
データ
⇩
並べ替え
⇩
昇順

表 2.7 階級を決めて度数を数える

階級	階級値	度数	相対度数	累積度数	累積相対度数
−20 〜 −15	−17.5				
−15 〜 −10	−12.5				
−10 〜 −5	−7.5				
−5 〜 0	−2.5				
0 〜 5	2.5				
5 〜 10	7.5				
10 〜 15	12.5				
15 〜 20	17.5				

③ あとは，各階級に含まれるデータの個数を数え上げると
次のような度数分布表ができあがります．

表 2.8 度数分布表の完成

階級	階級値	度数	相対度数	累積度数	累積相対度数
−20 〜 −15	−17.5	3	0.03	3	0.03
−15 〜 −10	−12.5	8	0.08	11	0.11
−10 〜 −5	−7.5	15	0.15	26	0.26
−5 〜 0	−2.5	27	0.27	53	0.53
0 〜 5	2.5	22	0.22	75	0.75
5 〜 10	7.5	14	0.14	89	0.89
10 〜 15	12.5	7	0.07	96	0.96
15 〜 20	17.5	4	0.04	100	1.00

演習

演習 2.1

次のデータの度数分布表を作りましょう．

表 2.9

No	測定値	No	測定値	No	測定値	No	測定値
1	27.7	26	36.7	51	39.6	76	44.5
2	28.4	27	36.8	52	40.0	77	44.9
3	28.7	28	37.2	53	40.2	78	44.9
4	29.3	29	37.4	54	40.4	79	45.1
5	30.4	30	37.4	55	40.8	80	45.2
6	31.5	31	37.5	56	40.9	81	45.5
7	32.6	32	37.8	57	41.3	82	45.6
8	32.9	33	37.9	58	41.4	83	45.6
9	32.9	34	38.0	59	41.5	84	45.7
10	33.1	35	38.2	60	41.6	85	46.2
11	33.2	36	38.3	61	41.8	86	46.6
12	33.7	37	38.3	62	41.9	87	47.4
13	34.1	38	38.3	63	42.4	88	47.5
14	34.3	39	38.4	64	42.7	89	48.1
15	34.5	40	38.6	65	42.7	90	48.6
16	34.5	41	38.6	66	42.7	91	48.6
17	34.6	42	38.6	67	42.8	92	49.7
18	35.1	43	38.7	68	43.0	93	50.0
19	35.4	44	38.8	69	43.2	94	50.2
20	35.5	45	38.9	70	43.8	95	51.5
21	35.5	46	38.9	71	43.9	96	51.5
22	35.8	47	39.0	72	44.1	97	53.8
23	35.9	48	39.1	73	44.1	98	53.9
24	36.0	49	39.1	74	44.1	99	55.6
25	36.2	50	39.1	75	44.4	100	59.7

階級は
20〜25 25〜30 … 50〜55 55〜60
のようにしましょう！

演習 2.2

次のデータの度数分布表を作りましょう．

表 2.10 住宅 1 平方メートル当たり工事費

No	単価	No	単価	No	単価	No	単価	No	単価
1	15.6	21	13.6	41	5.8	61	16.8	81	13.8
2	9.2	22	12.3	42	20.6	62	7.3	82	10.8
3	22.5	23	22.0	43	26.7	63	10.2	83	4.5
4	16.0	24	17.4	44	25.4	64	13.1	84	10.3
5	19.9	25	20.7	45	19.1	65	15.9	85	17.8
6	18.1	26	20.4	46	22.3	66	34.3	86	23.7
7	24.3	27	11.2	47	17.5	67	22.5	87	15.2
8	18.0	28	17.1	48	17.5	68	17.4	88	16.4
9	12.0	29	15.3	49	17.6	69	12.5	89	22.3
10	16.0	30	18.9	50	20.2	70	20.7	90	8.6
11	41.8	31	41.0	51	32.3	71	35.2	91	29.9
12	5.6	32	17.5	52	19.9	72	13.5	92	14.5
13	28.3	33	12.8	53	23.4	73	16.6	93	13.7
14	25.7	34	20.6	54	14.1	74	23.1	94	22.9
15	19.3	35	25.4	55	24.5	75	16.6	95	36.1
16	34.0	36	32.3	56	38.7	76	8.7	96	21.4
17	16.0	37	26.9	57	13.7	77	26.4	97	7.2
18	9.8	38	27.9	58	23.7	78	15.0	98	29.8
19	9.4	39	17.4	59	11.8	79	18.4	99	11.6
20	11.1	40	22.2	60	7.5	80	15.4	100	25.1

a_0 は最小値以下の切りのよい値にします．
a_n は最大値以上の切りのよい値にします．

第3章 基礎統計量の計算

この章では理工系でよく使われる平均値，分散，標準偏差といった1変数データの基礎統計量について学びます．

§3.1 1変数のデータの統計量

理工系の統計では，次のような基礎統計量がよく利用されています．

表　いろいろな基礎統計量

	平均値	分散	標準偏差	標準誤差
Na	4.887	2.2116	1.122	0.355
Mg	0.614	0.0360	0.148	0.047
NH$_4$	0.292	0.0132	0.114	0.036
pH	7.480	4.4553	0.193	0.061

平均値 ± 標準偏差

分散 $= s^2$
標準偏差 $= \sqrt{s^2}$
標準誤差 $= \sqrt{\dfrac{s^2}{N}}$

統計量とは，大きさ N のデータ

$$\{x_1 \ x_2 \ \cdots \ x_N\}$$

から計算されるいろいろな数値のことです．

例えば，平均値 $\bar{x}$ は

$$\bar{x} = \frac{x_1 + x_2 + \cdots + x_N}{N}$$

のように計算されるので，平均値 $\bar{x}$ は統計量の一つです．　➡ P29

データの型

No.	x
1	x_1
2	x_2
⋮	⋮
i	x_i
⋮	⋮
N	x_N

分散 s^2 は
$$s^2 = \frac{(x_1-\bar{x})^2 + (x_2-\bar{x})^2 + \cdots + (x_N-\bar{x})^2}{N-1}$$
のように計算されるので，分散 s^2 も統計量の一つになります． ➡ P31

記述統計の場合
分散の分母は
N になります
➡ P78

理工系のデータを使って

　　　　　　　平均値 $\bar{x}$　　分散 s^2　　標準偏差 s

といった基礎統計量を計算してみましょう！

例 3.1

次のデータは，2 つの河川 A と B において

　　　　　　　Na，Mg，NH$_4$，pH

を，それぞれ 10 ヶ所の地点で測定した結果です．

表 3.1　河川 A の水質調査

資料 No	Na mg/L	Mg mg/L	NH$_4$ mg/L	pH
1	5.63	0.65	0.32	7.3
2	2.86	0.72	0.15	7.6
3	4.54	0.57	0.24	7.4
4	5.21	0.61	0.18	7.2
5	4.18	0.52	0.27	7.5
6	3.85	0.51	0.19	7.3
7	5.08	0.49	0.51	7.7
8	4.94	0.68	0.43	7.4
9	5.62	0.95	0.34	7.8
10	6.96	0.44	0.29	7.6

表 3.2　河川 B の水質調査

資料 No	Na mg/L	Mg mg/L	NH$_4$ mg/L	pH
1	8.71	0.47	0.27	7.3
2	2.73	0.81	0.26	7.2
3	6.36	0.52	0.16	6.8
4	2.15	0.43	0.08	6.9
5	5.09	0.85	0.23	7.2
6	4.26	0.72	0.18	7.5
7	7.83	0.81	0.27	7.4
8	5.21	0.46	0.12	7.1
9	6.25	0.52	0.35	7.3
10	4.43	0.84	0.26	7.2

グループ A

グループ B

統計量は
データの
数値化です

グループがいくつかあるときは
グループごとに基礎統計量を計算し
て比較してみましょう

§ 3.1　1 変数のデータの統計量

§3.2 平均値とは？

■ データの位置を示す基礎統計量

河川 A と河川 B で測定された Na のデータをグラフ化してみましょう．

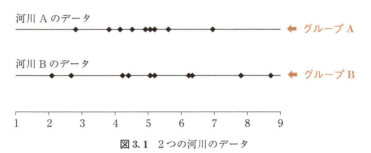

図 3.1　2 つの河川のデータ

このとき，河川 A と河川 B の データの中心 は次のようになっています．

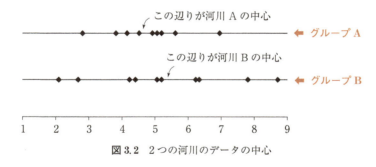

図 3.2　2 つの河川のデータの中心

したがって，このようなデータの中心は データの位置 を示しているといい換えてもよさそうです．

そこで，このデータの位置を数値化してみましょう．

この数値化した値のことを **統計量** といいます．

グループの比較をしたいときには，統計量はとても有効な手段です．

■ 平均値

データの位置を示す統計量の一つが平均値です．

平均値の定義

N 個のデータ

No.	1	2	$\cdots$	N
データ	x_1	x_2	$\cdots$	x_N

に対して，**平均値 $\bar{x}$ を**

$$\bar{x} = \frac{x_1 + x_2 + \cdots + x_N}{N}$$

のように定義します．

分母の N は自由度です

$$x_1 + x_2 + \cdots + x_N = \sum_{i=1}^{N} x_i$$

データの位置を示す統計量は，平均値の他に，中央値，最頻値，5% トリム平均などがあります． ➡ P33

標本平均 $\bar{x}$ ともいいます

例 3.2

表 3.1 のデータから，河川 A の Na の平均値 $\bar{x}_1$ は

$$\bar{x}_1 = \frac{5.63 + 2.68 + 4.54 + \cdots + 5.62 + 6.96}{10}$$

$$= 4.887$$

表 3.2 のデータから，河川 B の Na の平均値 $\bar{x}_2$ は

$$\bar{x}_2 = \frac{8.71 + 2.73 + 6.36 + \cdots + 6.25 + 4.43}{10}$$

$$= 5.302$$

のように計算されます．

Excel 関数

とりたい平均値
= AVERAGE

平均値のことを average または mean といいます

§3.2 平均値とは？　29

§3.3 分散・標準偏差とは？

■ データのバラツキの程度を表す基礎統計量

河川 A と河川 B のデータをグラフ化すると，次のようになります．

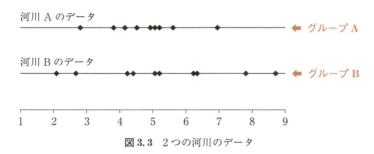

図 3.3　2 つの河川のデータ

この 2 つのグループを比較すると，河川 A と河川 B の データの広がりぐあい は，かなり異なっています

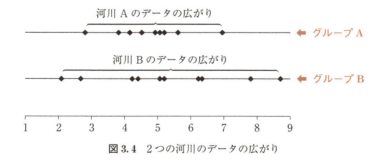

図 3.4　2 つの河川のデータの広がり

このデータの広がっている状態を データのバラツキ，または データの散らばり といいます．

データのバラツキを数値化する統計量として

　　　　　　　分散　　標準偏差　　四分位範囲

あります．

四分位とは 25%, 50%, 75% のことです

■ 分散と標準偏差

データのバラツキを表現する統計量の一つが分散と標準偏差です．

分散・標準偏差の定義

N 個のデータ

No.	1	2	⋯	N
データ	x_1	x_2	⋯	x_N

に対して，分散と標準偏差を次のように定義します．

分散　　　$s^2 = \dfrac{(x_1-\bar{x})^2 + (x_2-\bar{x})^2 + \cdots + (x_N-\bar{x})^2}{N-1}$

標準偏差　$s = \sqrt{\dfrac{(x_1-\bar{x})^2 + (x_2-\bar{x})^2 + \cdots + (x_N-\bar{x})^2}{N-1}}$

分母の $N-1$ は自由度です

分散 = variance
標準偏差 = standard deviation

例 3.3

表 3.1 のデータから，河川 A の Na の分散 s_1^2 は

$$s_1^2 = \dfrac{(5.63-4.887)^2 + (2.86-4.887)^2 + \cdots + (6.96-4.887)^2}{10-1}$$

$= 2.212$

表 3.2 のデータから，河川 B の Na の分散 s_2^2 は

$$s_2^2 = \dfrac{(8.71-5.302)^2 + (2.73-5.302)^2 + \cdots + (4.43-5.302)^2}{10-1}$$

$= 4.369$

のように計算されます

記述統計では分母は 10

Excel 関数

分散　　　　　　標準偏差
= VAR　　　　　= STDEV

§3.3 分散・標準偏差とは？

■ 分散の定義式の変形

分散の定義式は，次のように変形することができます．

$$s^2 = \frac{(x_1-\bar{x})^2 + (x_2-\bar{x})^2 + \cdots + (x_N-\bar{x})^2}{N-1}$$

$$= \frac{x_1^2 + \bar{x}^2 - 2x_1\cdot\bar{x} + x_2^2 + \bar{x}^2 - 2x_2\cdot\bar{x} + \cdots + x_N^2 + \bar{x}^2 - 2x_N\cdot\bar{x}}{N-1}$$

$$= \frac{x_1^2 + x_2^2 + \cdots + x_N^2 + N\cdot\bar{x}^2 - 2(x_1 + x_2 + \cdots + x_N)\cdot\bar{x}}{N-1}$$

$$= \frac{\sum_{i=1}^{N} x_i^2 + N\cdot\left(\dfrac{\sum_{i=1}^{N} x_i}{N}\right)^2 - 2\left(\sum_{i=1}^{N} x_i\right)\cdot\dfrac{\sum_{i=1}^{N} x_i}{N}}{N-1}$$

$$= \frac{\sum_{i=1}^{N} x_i^2 + \dfrac{\left(\sum_{i=1}^{N} x_i\right)^2}{N} - 2\dfrac{\left(\sum_{i=1}^{N} x_i\right)^2}{N}}{N-1}$$

$\quad(A-B)^2 = A^2 + B^2 - 2AB$

$$= \frac{N\cdot\left(\sum_{i=1}^{N} x_i^2\right) - \left(\sum_{i=1}^{N} x_i\right)^2}{N\cdot(N-1)}$$

$\quad\sum_{i=1}^{N} x_i = x_1 + x_2 + \cdots + x_N$

したがって，次の公式が導かれます．

分散の重要な公式

分散　$s^2 = \dfrac{N\cdot\left(\sum_{i=1}^{N} x_i^2\right) - \left(\sum_{i=1}^{N} x_i\right)^2}{N\cdot(N-1)}$

s^2 のことを標本分散不偏分散ともいいます

データの分散を計算するときには，この公式を利用します．

§3.4 中央値・最頻値・5%トリム平均とは？

■ 中央値

データを大きさの順に並べ替えたとき，まん中の値を**中央値**といいます．
データが次のように奇数個の場合には

$$\{5.63 \quad 2.86 \quad 4.54 \quad 5.21 \quad 4.18\}$$
$$中央値 = 4.54$$

です．
データが次のように偶数個の場合には

$$\{5.63 \quad 2.86 \quad 4.54 \quad 5.21\}$$
$$中央値 = \frac{4.54 + 5.21}{2} = 4.875$$

と定義します．

> 中央値
> = median
> 最頻値
> = mode
> トリム平均
> = trimmed mean

■ 最頻値

最もたびたび現れるデータのことを**最頻値**といいます．
ただし，データの数が少ないときには，最頻値は用いられません．

■ 5%トリム平均

データを大きさの順の並べ替えたとき，
両端の5%のデータを取り除いたあとの
残りの90%のデータの平均値を
5%トリム平均といいます．

極端な値のあるデータの場合，
この5%トリム平均は，平均値よりも
有効な統計量となります．

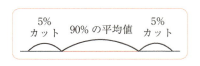

§3.5 平均値・分散・標準偏差の公式と例題

■ 公式　—平均値・分散・標準偏差の求め方—

① 次のような表を用意します．

表 3.3　データの型と統計量

No.	データ x	x^2
1	x_1	x_1^2
2	x_2	x_2^2
⋮	⋮	⋮
i	x_i	x_i^2
⋮	⋮	⋮
N	x_N	x_N^2
合計	$\sum_{i=1}^{N} x_i$	$\sum_{i=1}^{N} x_i^2$

← x の平方和
　 x の2乗和

$(\sum x_i)^2$ と $(\sum x_i^2)$ は同じではありません

② 表3.3の合計を使って，平均値・分散・標準偏差を計算します．

平均値　　$\bar{x} = \dfrac{\sum_{i=1}^{N} x_i}{N}$

分散　　　$s^2 = \dfrac{N \cdot \left(\sum_{i=1}^{N} x_i^2\right) - \left(\sum_{i=1}^{N} x_i\right)^2}{N \cdot (N-1)}$

標準偏差　$s = \sqrt{\dfrac{N \cdot \left(\sum_{i=1}^{N} x_i^2\right) - \left(\sum_{i=1}^{N} x_i\right)^2}{N \cdot (N-1)}}$

分散 s^2 の計算はこの公式を利用します

■ **例題**　—平均値・分散・標準偏差の求め方—

① 例 3.1 のデータから，次のような表を用意します．

表 3.4　データと統計量

資料 No	Na x	x^2
1	5.63	31.6969
2	2.86	8.1796
3	4.54	20.6116
4	5.21	27.1441
5	4.18	17.4724
6	3.85	14.8225
7	5.08	25.8064
8	4.94	24.4036
9	5.62	31.5844
10	6.96	48.4416
合計	48.87	250.1631
	$\sum_{i=1}^{N} x_i$	$\sum_{i=1}^{N} x_i^2$

2つのグループの平均値や分散を比べてみよう

② 表 3.4 の合計を使って，平均値，分散，標準偏差を計算します．

平均値　　$\bar{x} = \dfrac{\boxed{48.87}}{\boxed{10}}$

　　　　　$= \boxed{4.887}$

分散　　　$s^2 = \dfrac{\boxed{10} \times \boxed{250.1631} - \boxed{48.87}^2}{\boxed{10} \times (\boxed{10} - 1)}$

　　　　　$= \boxed{2.212}$

標準偏差　$s = \sqrt{\dfrac{\boxed{10} \times \boxed{250.1631} - \boxed{48.87}^2}{\boxed{10} \times (\boxed{10} - 1)}}$

　　　　　$= \boxed{1.122}$

演習

演習 3.1

表 3.1 と表 3.2 の Mg について，平均値，分散，標準偏差を計算し，2 つのグループを比較しましょう．

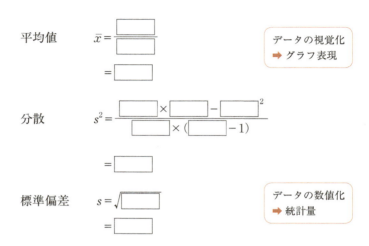

演習 3.2

表 3.1 と表 3.2 の NH_4 について，平均値，分散，標準偏差を計算し，2 つのグループを比較しましょう．

演習 3.3

表 3.1 と表 3.2 の pH について，平均値，分散，標準偏差を計算し，2 つのグループを比較しましょう．

演習 3.4

次のデータは，繊維 A と繊維 B について，強度と伸度を測定した結果です．

表 3.5　繊維 A

No	強度	伸度
1	2.84	28.1
2	2.73	27.3
3	2.97	27.1
4	3.05	31.3
5	3.21	29.5
6	2.88	27.3
7	2.91	29.4
8	2.95	30.8
9	2.84	26.9
10	2.83	26.8

表 3.6　繊維 B

No	強度	伸度
1	3.85	28.5
2	5.14	34.7
3	3.91	27.6
4	4.84	32.9
5	3.82	27.6
6	4.23	29.8
7	5.26	33.1
8	4.06	30.6
9	3.81	31.9
10	4.15	35.4

（1）　繊維 A と繊維 B について，それぞれ，平均値，分散，標準偏差を計算し，2 つのグループを比較しましょう．

（2）　繊維 A と繊維 B について，それぞれ，平均値，分散，標準偏差を計算し，2 つのグループを比較しましょう．

記述統計の分散 S^2 は
$$S^2 = \frac{(x_1-\bar{x})^2 + \cdots + (x_N-\bar{x})^2}{N}$$
$$= \frac{N \cdot \left(\sum_{i=1}^{N} x_i^2\right) - \left(\sum_{i=1}^{N} x_i\right)^2}{N^2}$$
のように変形できます

第4章 散布図の作成と相関係数の計算

この章では理工系の分野でよく使われる散布図，相関係数といった2変数データのグラフ表現と統計量について学びます．

§4.1　2変数のデータの統計量

理工系の統計では，次のような2変数データの

　　　　　散布図　　相関係数　　回帰直線

がよく利用されています．

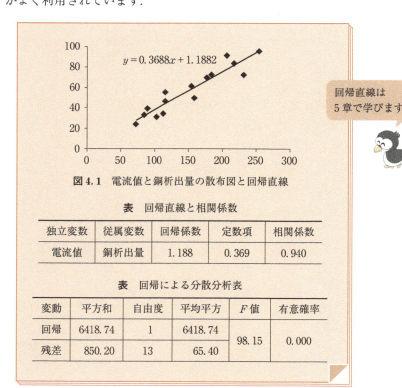

図 4.1　電流値と銅析出量の散布図と回帰直線

回帰直線は5章で学びます

表　回帰直線と相関係数

独立変数	従属変数	回帰係数	定数項	相関係数
電流値	銅析出量	1.188	0.369	0.940

表　回帰による分散分析表

変動	平方和	自由度	平均平方	F 値	有意確率
回帰	6418.74	1	6418.74	98.15	0.000
残差	850.20	13	65.40		

理工系のデータを使って

散布図　　相関係数

の勉強をしましょう！

例 4.1

次のデータは，条件

極板面積　　極板距離　　電流値　　溶液濃度

のもとで硫酸銅水溶液の電気分解の実験をおこない
そのときに析出した銅の質量を測定した結果です．

表 4.1　いろいろな条件のもとでの銅析出量

No	条件				結果
	極板面積 cm^2	極板距離 cm	電流値 mA	溶液濃度 $mol\ L^{-1}$	銅析出量 μg
1	14.2	5.6	254	0.47	95
2	8.2	8.6	176	0.48	69
3	3.3	3.6	206	0.59	91
4	8.5	2.3	231	0.32	72
5	6.1	2.7	115	0.47	46
6	5.1	7.5	153	0.33	61
7	6.3	6.2	89	0.42	39
8	9.2	6.2	112	0.23	34
9	11.4	3.1	217	0.41	83
10	10.6	5.3	72	0.32	24
11	14.6	7.2	102	0.32	31
12	12.7	7.4	183	0.39	72
13	7.5	8.5	84	0.26	33
14	8.5	5.8	158	0.26	49
15	8.9	7.2	115	0.56	55

2 変数データのグラフ表現が
散布図です

2 変数データの統計量が
相関係数です

§4.1　2 変数のデータの統計量

§4.2 散布図とは？

散布図とは，2変数データのグラフ表現です．
表 4.2 の2変数データは，図 4.2 の座標の点として
描くことができます．

表 4.2 2変数のデータの型

No.	x	y
1	x_1	y_1
2	x_2	y_2
⋮	⋮	⋮
N	x_N	y_N

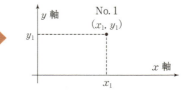

図 4.2 xy 平面と座標の点

例 4.2

次の 15 個のデータは，右のような xy 平面上に
表現されます．

表 4.3 2変数のデータ

No	電流値	銅析出量
1	254	95
2	176	69
3	206	91
4	231	72
5	115	46
⋮	⋮	⋮
11	102	31
12	183	72
13	84	33
14	158	49
15	115	55

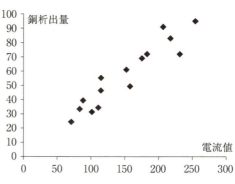

図 4.3 xy 平面と散布図

例 4.3

次のデータは，ある経口剤について，吸収率と極性表面積を測定した結果です．
吸収率を横軸に，極性表面積を縦軸にとると，15個のデータは，右のような xy 平面上に表現されます．

表 4.4　2変数のデータ

No	吸収率	極性表面積
1	75	37.3
2	74	73.6
3	90	44.4
4	35	90.4
5	93	14.4
6	86	36.7
7	68	78.4
8	53	90.7
9	84	27.3
10	63	54.7
11	91	35.9
12	81	45.7
13	25	96.8
14	54	69.3
15	61	56.5

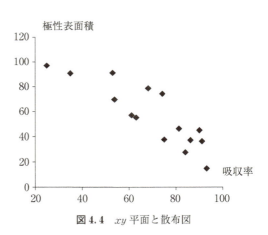

図 4.4　xy 平面と散布図

無相関とは右上りでも右下りでもないという意味です

■ 散布図の種類

散布図は，次の3つのタイプに分類されます．

負の相関

無相関

正の相関

図 4.5　散布図の3つのタイプ

§4.3 相関係数の計算

2変数データ x, y の統計量として，よく利用されているのが

相関係数

です．

> 相関係数
> = correlation coefficient

相関係数の定義

N 個のデータに対して

No.	1	2	⋯	N
x	x_1	x_2	⋯	x_N
y	y_1	y_2	⋯	y_N

> 相関係数は
> 変数の単位の影響を受けない
> すぐれた統計量です

相関係数 r を，次のように定義します．

$$r = \frac{(x_1-\bar{x})\cdot(y_1-\bar{y}) + (x_2-\bar{x})\cdot(y_2-\bar{y}) + \cdots + (x_N-\bar{x})\cdot(y_N-\bar{y})}{\sqrt{(x_1-\bar{x})^2 + (x_2-\bar{x})^2 + \cdots + (x_N-\bar{x})^2} \cdot \sqrt{(y_1-\bar{y})^2 + (y_2-\bar{y})^2 + \cdots + (y_N-\bar{y})^2}}$$

■ 相関係数とベクトルの内積との関係

2つのベクトル $\vec{x}, \vec{y}$ のなす角を θ としたとき，次の式が成り立ちます．

$$\cos\theta = \frac{\vec{x}\cdot\vec{y}}{\|\vec{x}\|\cdot\|\vec{y}\|}$$

このとき，$\vec{x} = (x_1, x_2)$，$\vec{y} = (y_1, y_2)$ とすれば

$$\|\vec{x}\| = \sqrt{x_1^2 + x_2^2}, \quad \|\vec{y}\| = \sqrt{y_1^2 + y_2^2}, \quad \vec{x}\cdot\vec{y} = x_1\cdot y_1 + x_2\cdot y_2$$

なので，

$$\cos\theta = \frac{x_1\cdot y_1 + x_2\cdot y_2}{\sqrt{x_1^2 + x_2^2}\sqrt{y_1^2 + y_2^2}}$$

となります．

したがって，相関係数は $\cos\theta$ と"密な関係"があることがわかります．

> **Excel 関数**
>
> 相関係数
> =CORREL

■ 相関係数と散布図の対応

相関係数と散布図の間には，次のような対応があります．

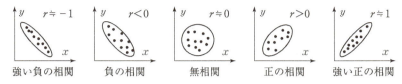

図 4.6　相関係数と散布図の対応

■ 相関係数の値を言葉でいいかえると …

相関係数の数値 r を言葉で表現すると，次のようになります．

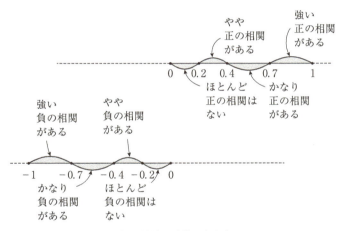

図 4.7　相関係数を言葉で表現すると …

この相関係数の表現は一つの目安です．この表現にこだわる必要はありません．

効果サイズの計算

効果サイズ＝相関係数

§4.3　相関係数の計算

§4.4 共分散とは？

相関係数 r の定義式の分子と分母を，それぞれ $N-1$ で割り算すると次のようになります．

$$r = \frac{\dfrac{(x_1-\bar{x})\cdot(y_1-\bar{y})+(x_2-\bar{x})\cdot(y_2-\bar{y})+\cdots+(x_N-\bar{x})\cdot(y_N-\bar{y})}{N-1}}{\sqrt{\dfrac{(x_1-\bar{x})^2+\cdots+(x_N-\bar{x})^2}{N-1}}\cdot\sqrt{\dfrac{(y_1-\bar{y})^2+\cdots+(y_N-\bar{y})^2}{N-1}}}$$

この分母の中身は，x の分散と y の分散なので

$$r = \frac{\dfrac{(x_1-\bar{x})\cdot(y_1-\bar{y})+(x_2-\bar{x})\cdot(y_2-\bar{y})+\cdots+(x_N-\bar{x})\cdot(y_N-\bar{y})}{N-1}}{\sqrt{x\text{の分散}}\cdot\sqrt{y\text{の分散}}}$$

となります．このとき，この分子のことを

x と y の**共分散**

$$= \frac{(x_1-\bar{x})\cdot(y_1-\bar{y})+(x_2-\bar{x})\cdot(y_2-\bar{y})+\cdots+(x_N-\bar{x})\cdot(y_N-\bar{y})}{N-1}$$

といいます．
したがって，次の等式が成り立ちます．

> **相関係数と分散・共分散の公式**
>
> $$x \text{ と } y \text{ 相関係数} = \frac{x \text{ と } y \text{ の共分散}}{\sqrt{x\text{の分散}}\cdot\sqrt{y\text{の分散}}}$$
>
> $$= \frac{\mathrm{Cov}(x,y)}{\sqrt{\mathrm{Var}(x)}\cdot\sqrt{\mathrm{Var}(y)}}$$

共分散
= covariance
分散
= variance

■ 共分散の性質

次の公式は，共分散の計算をするときに便利ですね．

> **共分散の公式**
> (1)　$\mathrm{Cov}(x, ax+b) = a \cdot \mathrm{Var}(x)$
> (2)　$\mathrm{Cov}(x, ay+b) = a \cdot \mathrm{Cov}(x, y)$
> (3)　$\mathrm{Cov}(x, ay+bz+c) = a \cdot \mathrm{Cov}(x, y) + b \cdot \mathrm{Cov}(x, z)$

■ 分散共分散行列と相関行列

データの変数が多くなると，……
次の分散共分散行列が重要になります．

分散共分散行列

$$\begin{bmatrix} x の分散 & x とy の共分散 \\ x とy の共分散 & y の分散 \end{bmatrix} = \begin{bmatrix} \mathrm{Var}(x) & \mathrm{Cov}(x, y) \\ \mathrm{Cov}(x, y) & \mathrm{Var}(y) \end{bmatrix}$$

データの変数が多くなると，変数の単位がまちまちなのでデータの標準化が大切です．

$$データ の標準化 = \frac{データ - 平均値}{標準偏差}$$

データを標準化すると

　　　　　分散 → 1　　　共分散 → 相関係数

に変換されるので，分散共分散行列は

相関行列

$$\begin{bmatrix} 1 & x とy の相関係数 \\ x とy の相関係数 & 1 \end{bmatrix}$$

になります．

分散共分散行列は，多変量解析のときに大活躍する対称行列です

§4.5 相関係数の公式と例題

■ 公式　―相関係数の求め方―

① 次のような表を用意します．

表 4.5　データの型といろいろな統計量

No.	データ x	データ y	x^2	y^2	xy
1	x_1	y_1	x_1^2	y_1^2	$x_1 y_1$
2	x_2	y_2	x_2^2	y_2^2	$x_2 y_2$
⋮	⋮	⋮	⋮	⋮	⋮
i	x_i	y_i	x_i^2	y_i^2	$x_i y_i$
⋮	⋮	⋮	⋮	⋮	⋮
N	x_N	y_N	x_N^2	y_N^2	$x_N y_N$
合計	$\sum_{i=1}^{N} x_i$	$\sum_{i=1}^{N} y_i$	$\sum_{i=1}^{N} x_i^2$	$\sum_{i=1}^{N} y_i^2$	$\sum_{i=1}^{N} x_i y_i$

　　　　　　　　　　　　　　x の平方和　　　y の平方和　　　x と y の積和

② 表 4.5 の合計を使って，相関係数 r を計算します．

$$相関係数\ r = \frac{N \cdot \left(\sum_{i=1}^{N} x_i y_i\right) - \left(\sum_{i=1}^{N} x_i\right) \cdot \left(\sum_{i=1}^{N} y_i\right)}{\sqrt{N \cdot \left(\sum_{i=1}^{N} x_i^2\right) - \left(\sum_{i=1}^{N} x_i\right)^2} \cdot \sqrt{N \cdot \left(\sum_{i=1}^{N} y_i^2\right) - \left(\sum_{i=1}^{N} y_i\right)^2}}$$

> 相関係数は外れ値の影響を受けるので
> 散布図でデータの状態を調べておきましょう

■ **例題** ―相関係数の求め方―

① 例 4.1 のデータから,次の表を用意します

表 4.6 データといろいろな統計量

資料 No	電流値 x	銅析出量 y	x^2	y^2	xy
1	254	95	64516	9025	24130
2	176	69	30976	4761	12144
3	206	91	42436	8281	18746
4	231	72	53361	5184	16632
5	115	46	13225	2116	5290
6	153	61	23409	3721	9333
7	89	39	7921	1521	3471
8	112	34	12544	1156	3808
9	217	83	47089	6889	18011
10	72	24	5184	576	1728
11	102	31	10404	961	3162
12	183	72	33489	5184	13176
13	84	33	7056	1089	2772
14	158	49	24964	2401	7742
15	115	55	13225	3025	6325
合計	2267	854	389799	55890	146470

② 表 4.6 の合計を使って,相関係数 r を計算します

$$相関係数\ r = \frac{\boxed{15} \times \boxed{146470} - \boxed{2267} \times \boxed{854}}{\sqrt{\boxed{15} \times \boxed{389799} - \boxed{2267}^2} \times \sqrt{\boxed{15} \times \boxed{55890} - \boxed{852}^2}}$$

$$= \boxed{0.940}$$

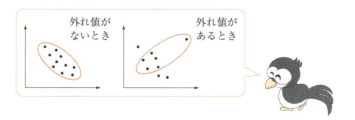

§4.5 相関係数の公式と例題

演習

演習 4.1

(1) 次のデータの散布図を描いてください．
(2) 次のデータの相関係数を計算してください．

表 4.7 データといろいろな統計量

資料 No	極板距離 x	銅析出量 y	x^2	y^2	xy
1	5.6	95			
2	8.6	69			
3	3.6	91			
4	2.3	72			
5	2.7	46			
6	7.5	61			
7	6.2	39			
8	6.2	34			
9	3.1	83			
10	5.3	24			
11	7.2	31			
12	7.4	72			
13	8.5	33			
14	5.8	49			
15	7.2	55			
合計					

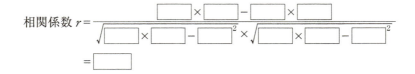

相関係数 $r = \dfrac{\boxed{} \times \boxed{} - \boxed{} \times \boxed{}}{\sqrt{\boxed{} \times \boxed{} - \boxed{}^2} \times \sqrt{\boxed{} \times \boxed{} - \boxed{}^2}}$

$= \boxed{}$

演習 4.2

次のデータは，コンクリートの圧縮強度と弾性係数を測定した結果です
(1)　散布図を描いてください
(2)　相関係数を計算してください

表 4.8　コンクリートの圧縮強度と弾性係数

No	圧縮強度	弾性係数
1	30.5	28.7
2	25.7	25.4
3	39.1	30.6
4	23.2	21.8
5	39.4	27.4
6	40.6	29.5
7	35.6	28.3
8	24.8	24.9
9	29.2	28.5
10	23.9	25.2

相関係数は変数の単位の影響を受けないすぐれた統計量です!!

相関係数は効果サイズにもなっています

ベクトル x

ベクトル y

相関係数 $r = \cos\theta$

第5章 回帰直線の手順と計算

この章では理工系の分野でよく使われる回帰直線，曲線推定といった2変数データの単回帰分析について学びます．

§5.1 散布図から回帰直線へ

表 4.1 の散布図は，次のようになります．

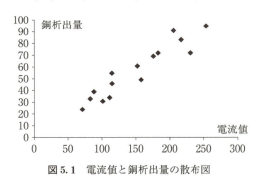

図 5.1 電流値と銅析出量の散布図

そして，**回帰直線**とは，この散布図の上に引かれた次のような直線のことです．

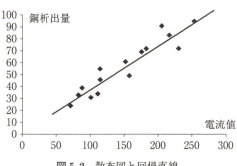

図 5.2 散布図と回帰直線

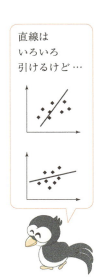

直線は
いろいろ
引けるけど…

回帰直線の目的は
x の値から
y の値を
予測すること！

§5.2 回帰直線の求め方

この回帰直線は,どのように求めるのでしょうか?
そのカギは,次の実測値と予測値という2つの概念にあります.

表 5.1 実測値と予測値

資料 No	電流値 x	銅析出量 y	実測値 y	予測値 Y
1	254	95	95	$a+b\times 254$
2	176	69	69	$a+b\times 176$
3	206	91	91	$a+b\times 206$
4	231	72	72	$a+b\times 231$
5	115	46	46	$a+b\times 115$
⋮	⋮	⋮	⋮	⋮
13	84	33	33	$a+b\times 84$
14	158	49	49	$a+b\times 158$
15	115	55	55	$a+b\times 115$

切片 a のことを **定数項**
傾き b のことを **回帰係数**
といいます.

つまり,**予測値**とは回帰直線の式を
$$Y = a + b \times x$$
としたとき,独立変数 x に電流値を代入した値 Y のことです.

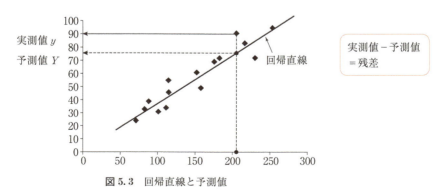

図 5.3　回帰直線と予測値

そこで，残差を

残差 = 実測値 − 予測値

と定義し，各点における残差が最小になるような a と b を求めます．

表 5.2 実測値と予測値と残差

資料 No	電流値 x	実測値 y	予測値 Y	残差 $y-Y$
1	254	95	$a+b\times 254$	$95-(a+b\times 254)$
2	176	69	$a+b\times 176$	$69-(a+b\times 176)$
3	206	91	$a+b\times 206$	$91-(a+b\times 206)$
4	231	72	$a+b\times 231$	$72-(a+b\times 231)$
5	115	46	$a+b\times 115$	$46-(a+b\times 115)$
⋮	⋮	⋮	⋮	⋮
13	84	33	$a+b\times\ 84$	$33-(a+b\times\ 84)$
14	158	49	$a+b\times 158$	$49-(a+b\times 158)$
15	115	55	$a+b\times 115$	$55-(a+b\times 115)$

ところで，この残差は，次の図のように点と直線の状態によってプラスになったり，マイナスになったりします．

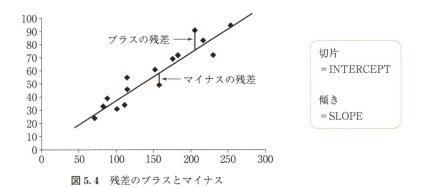

図 5.4 残差のプラスとマイナス

そこで，回帰直線の切片 a と傾き b を求めるときは
"残差の 2 乗和が最小になる"

ような切片 a と傾き b を求めます．

$$
\begin{aligned}
\text{残差の 2 乗和} =\ & \{95-(a+b\times 254)\}^2 \\
+\ & \{69-(a+b\times 176)\}^2 \\
+\ & \{91-(a+b\times 206)\}^2 \\
+\ & \{72-(a+b\times 231)\}^2 \\
+\ & \{46-(a+b\times 115)\}^2 \\
& \vdots \\
+\ & \{33-(a+b\times\ 84)\}^2 \\
+\ & \{49-(a+b\times 158)\}^2 \\
+\ & \{55-(a+b\times 115)\}^2
\end{aligned}
$$

> 2 乗すると
> 正の値
> になります

このようにして，未知パラメータ a, b を求める方法を
最小 2 乗法

といいます．

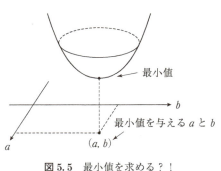

図 5.5　最小値を求める？！

> パラメータの求め方には
> 最尤法（さいゆうほう）もあります

> 最尤法とは
> 確率が最大になる
> ところを求める
> 方法です

§5.2　回帰直線の求め方

§5.3 回帰直線の公式と例題

■ 公式 ―回帰直線の求め方―

① 次のような表を用意します.

表 5.3 データの型といろいろな統計量

No.	データ x	データ y	x^2	y^2	xy
1	x_1	y_1	x_1^2	y_1^2	$x_1 y_1$
2	x_2	y_2	x_2^2	y_2^2	$x_2 y_2$
$\vdots$	$\vdots$	$\vdots$	$\vdots$	$\vdots$	$\vdots$
i	x_i	y_i	x_i^2	y_i^2	$x_i y_i$
$\vdots$	$\vdots$	$\vdots$	$\vdots$	$\vdots$	$\vdots$
N	x_N	y_N	x_N^2	y_N^2	$x_N y_N$
合計	$\sum_{i=1}^{N} x_i$	$\sum_{i=1}^{N} y_i$	$\sum_{i=1}^{N} x_i^2$	$\sum_{i=1}^{N} y_i^2$	$\sum_{i=1}^{N} x_i y_i$

↑ x の平方和　　↑ y の平方和　　↑ x と y の積和

② 表 5.3 の合計を使って，傾き b，切片 a を求めます.

$$傾き\ b = \frac{N \cdot \left(\sum_{i=1}^{N} x_i y_i\right) - \left(\sum_{i=1}^{N} x_i\right) \cdot \left(\sum_{i=1}^{N} y_i\right)}{N \cdot \left(\sum_{i=1}^{N} x_i^2\right) - \left(\sum_{i=1}^{N} x_i\right)^2}$$

$$切片\ a = \frac{\left(\sum_{i=1}^{N} x_i^2\right) \cdot \left(\sum_{i=1}^{N} y_i\right) - \left(\sum_{i=1}^{N} x_i y_i\right) \cdot \left(\sum_{i=1}^{N} x_i\right)}{N \cdot \left(\sum_{i=1}^{N} x_i^2\right) - \left(\sum_{i=1}^{N} x_i\right)^2}$$

> **Excel 関数**
> 回帰直線の傾き　＝SLOPE
> 回帰直線の切片　＝INTERCEPT

■ 例題　―回帰直線の求め方―

① 表5.1のデータから，次の表を作成します．

表5.4　データといろいろな統計量

資料 No	極板距離 x	銅析出量 y	x^2	y^2	xy
1	254	95	64516	9025	24130
2	176	69	30976	4761	12144
3	206	91	42436	8281	18746
4	231	72	53361	5184	16632
5	115	46	13225	2116	5290
6	153	61	23409	3721	9333
7	89	39	7921	1521	3471
8	112	34	12544	1156	3808
9	217	83	47089	6889	18011
10	72	24	5184	576	1728
11	102	31	10404	961	3162
12	183	72	33489	5184	13176
13	84	33	7056	1089	2772
14	158	49	24964	2401	7742
15	115	55	13225	3025	6325
合計	2267	854	389799	55890	146470

② 表5.4の合計を使って，傾き b，切片 a を計算します．

$$\text{傾き } b = \frac{\boxed{15} \times \boxed{146470} - \boxed{2267} \times \boxed{854}}{\boxed{15} \times \boxed{389799} - \boxed{2267}^2}$$

$$= \boxed{1.188}$$

$$\text{切片 } a = \frac{\boxed{389799} \times \boxed{854} - \boxed{146470} \times \boxed{2267}}{\boxed{15} \times \boxed{389799} - \boxed{2267}^2}$$

$$= \boxed{0.369}$$

ここでは
$\sum_{i=1}^{N} y_i^2$
を使いません

したがって，求める回帰直線の式は

$$Y = \boxed{0.369} + \boxed{1.188}\, x$$

となります．

§5.4 回帰直線の当てはまりの良さとは？

§5.3で求めた回帰直線の式を使うと，電流値から銅析出量を予測することができます．

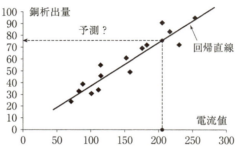

図5.6 電流値から銅析出量を予測する

ただし，その前に調べておかなければならないことがあります．それは

"回帰直線の当てはまりの良さ"

についてです．

表5.5 実測値と予測値

資料 No	電流値 x	銅析出量 y	実測値 y	予測値 Y
1	254	95	95	94.9
2	176	69	69	66.1
3	206	91	91	77.2
4	231	72	72	86.4
5	115	46	46	43.6
⋮	⋮	⋮	⋮	⋮
13	84	33	33	32.2
14	158	49	49	59.5
15	115	55	55	43.6

回帰直線の目的はxからyを予測すること！

回帰直線の当てはまりが良いか悪いかは，実測値と予測値の関係から調べることができます．

　§4.3の相関係数を思い出しましょう！

　そこで，実測値と予測値を計算してみると
$$\text{実測値と予測値の相関係数} = 0.940$$
になります．
　このように
　　　"相関係数が1に近いほど，予測値は実測値に近づいている"
と考えられますから，この相関係数を用いて
　　　　　　　　"回帰直線の当てはまりの良さ"
を定義することができます．

　実際には
　　　　決定係数 R^2 = "実測値と予測値の相関係数の2乗"
と定義し
　　　"決定係数 R^2 が1に近いほど，回帰直線の当てはまりが良い"
とします．

　例えば，表4.1のデータの場合
決定係数 R^2 は
$$R^2 = (0.940)^2$$
$$= 0.8836$$
となります．

　この決定係数 $R^2 = 0.8836$ は1に近いので
求めた回帰直線の式
$$Y = 0.369 + 1.188x$$
は，データによく当てはまっていると考えられます．

相関係数 r は
$-1 \leq r \leq 1$
なので，
2乗すると
$0 \leq R^2 \leq 1$
になります

§5.4　回帰直線の当てはまりの良さとは？

§5.5 曲線推定

次のデータは，蛍光強度と化学物質スペルミンについて測定した結果です．

表 5.6　蛍光強度とスペルミン

資料No	蛍光強度 x	スペルミン y	資料No	蛍光強度 x	スペルミン y
1	108	16	11	265	73
2	334	139	12	48	8
3	118	17	13	196	36
4	219	46	14	349	163
5	281	79	15	247	57
6	207	43	16	37	7
7	176	32	17	323	129
8	55	9	18	314	97
9	94	18	19	183	34
10	349	145	20	359	173

統計処理の第一歩はグラフ表現！

このデータの散布図は，次のようになります．

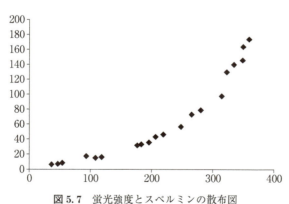

図 5.7　蛍光強度とスペルミンの散布図

この散布図を見ると，回帰直線を当てはめるのは，少し無理なようですね．

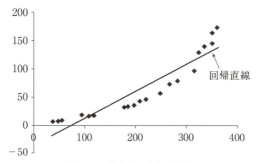

図5.8　散布図と回帰直線

このようなときは，Excelのグラフツールを利用して曲線推定をしてみましょう．

そこで，……

　　　グラフツール　⇨　レイアウト
　　　　　　　　　⇨　その他の近似曲線オプション

を選択すると，次のような画面が現われます．

Excelは
とっても
便利です

§5.5　曲線推定

そこで，次のように設定します．

すると，次のように曲線推定をすることができます．

指数近似だと，どんな曲線かなあ〜

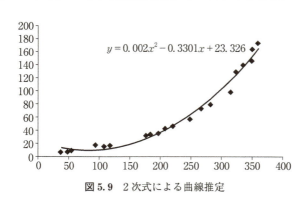

$y = 0.002x^2 - 0.3301x + 23.326$

図 5.9　2 次式による曲線推定

■ 単回帰分析から重回帰分析へ

回帰直線 $y = a + bx$ による統計処理を

単回帰分析

といいます.

独立変数の個数を2個以上に増やすと，回帰直線の式は

$$y = a + b_1 x + b_2 x + \cdots + b_p x_p$$

のようになります.

このように，独立変数の個数が2個以上の場合，その統計処理を

重回帰分析

といい，多変量解析の中で最もよく利用されている手法です.

■ いろいろなタイプの回帰分析

回帰とは

"regression"

の訳で,

"あと戻りをする"

という意味をもっています.

回帰分析には

線形回帰分析
非線形回帰分析
ロジスティック回帰分析
ポアソン回帰分析
順序回帰分析
名義回帰分析

など，いろいろなタイプの回帰分析が開発されています.

回帰は英国の優生学の権威ゴールトンが考案したといわれています

このような回帰分析は，次のような形で表現することができます.

$$\boxed{} = a + b_1 x_1 + b_2 x_2 + \cdots + b_p x_p$$

つまり，左側の $\boxed{}$ の中にどのような関数が入るのかで，そのタイプが決まります.

§5.5 曲線推定

演習

演習 5.1

(1) 次のデータの散布図を描いてください．
(2) 次のデータの相関係数を計算してください．
(3) 次のデータの回帰直線を求めてください．

表 5.7 データといろいろな統計量

資料 No	溶液濃度 x	銅析出量 y	x^2	y^2	xy
1	0.47	95			
2	0.48	69			
3	0.59	91			
4	0.32	72			
5	0.47	46			
6	0.33	61			
7	0.42	39			
8	0.23	34			
9	0.41	83			
10	0.32	24			
11	0.32	31			
12	0.39	72			
13	0.26	33			
14	0.26	49			
15	0.59	55			
合計					

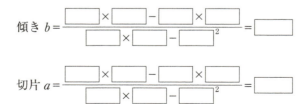

$$傾き\ b = \frac{\boxed{} \times \boxed{} - \boxed{} \times \boxed{}}{\boxed{} \times \boxed{} - \boxed{}^2} = \boxed{}$$

$$切片\ a = \frac{\boxed{} \times \boxed{} - \boxed{} \times \boxed{}}{\boxed{} \times \boxed{} - \boxed{}^2} = \boxed{}$$

演習 5.2

次のデータは,熱電子放出のヒーター温度と陰極温度を測定した結果です.
(1) 散布図を描いてください.
(2) 相関係数を計算してください.
(3) 回帰直線を求めてください.
(4) 決定係数を求めてください.
(5) ヒーター温度が 4.00 のときの陰極温度を予測してください.

表 5.8　熱電子放出

No	ヒーター温度	陰極温度
1	3.15	1165
2	3.38	1089
3	3.92	1274
4	4.95	1305
5	4.73	1294
6	5.26	1568
7	5.43	1625
8	6.21	1546
9	6.56	1867
10	7.24	1825

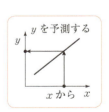

実測値 y と予測値 Y との相関係数は
データの x と y の相関係数の絶対値と
一致します

統計のカベ
―確率・確率変数・確率分布―

この章では確率分布の基本確率,確率変数,確率分布,2項分布,正規分布について学びます.

§6.1 統計のカベ?

統計を勉強するときの大きなカベ,それは……

"確率" "確率変数" "確率分布"

の3つの統計用語です.

でも,その3つの統計用語の概念はすでに学んでいるのです?!

次の度数分布表を思い出しましょう.

表 6.1 これが度数分布表!

階級	階級値	度数	相対度数	累積度数	累積相対度数
−20 〜 −15	−17.5	3	0.03	3	0.03
−15 〜 −10	−12.5	8	0.08	11	0.11
−10 〜 −5	−7.5	15	0.15	26	0.26
−5 〜 0	−2.5	27	0.27	53	0.53
0 〜 5	2.5	22	0.22	75	0.75
5 〜 10	7.5	14	0.14	89	0.89
10 〜 15	12.5	7	0.07	96	0.96
15 〜 20	17.5	4	0.04	100	1.00

　　　　　　　確率変数↗　　　　確率↗

この度数分布表の中に,確率,確率変数,確率分布が隠れています.

統計用語その1. 度数分布表の相対度数が

　　　　　　　　　確率

統計用語その2. 度数分布表の階級値が
   確率変数
統計用語その3. 度数分布表の階級値と相対度数の対応が
   確率分布
になります．

相対度数は，次のような性質をもっています．
　(1)　相対度数は，正の値または●になっている．
　(2)　相対度数の合計は，1になっている．

このような性質をもっている数値を**確率**といいます．
そして，確率と対応している変数を**確率変数**といいます．
したがって，階級値は確率変数といえます．

つまり，度数分布表では階級値と相対度数が対応しているので
度数分布表は確率分布といえます．

ところで，確率分布は大きく分けて
　　　　　　　離散確率分布　　連続確率分布
の2つに分類できます．
　離散とは，サイコロの目のように，変数が飛び飛びの値になっている状態です．
　このようなとき，**離散変数**といい，したがって**離散確率分布**とは
　　　"離散的な変数が確率と対応している確率分布"
という意味です．

　連続とは，身長や体重のように，変数が連続の値になっている状態です．
　このようなとき，**連続変数**といい，したがって**連続確率分布**とは
　　　"連続的な変数と確率密度が対応している確率分布"
という意味です．

§6.1　統計のカベ？　　65

§6.2 確率分布の平均と分散・標準偏差

■ 離散確率分布の平均と分散

次のような離散確率分布

表 6.2 離散確率分布

確率変数 $X = x_i$	確率 $Pr(X = x_i) = p_i$
x_1	p_1
x_2	p_2
$\vdots$	$\vdots$
x_n	p_n

確率分布のときは平均値のかわりに
- 平均
- 期待値

といいます

に対して

$$E(X) = x_1 \cdot p_1 + x_2 \cdot p_2 + \cdots + x_n \cdot p_n$$
$$= \sum_{i=1}^{n} x_i \cdot p_i$$

期待値 = expectation

を確率変数 X の **平均** μ, または, **期待値**といいます．

$$\mathrm{Var}(X) = (x_1 - \mu)^2 \cdot p_1 + (x_2 - \mu)^2 \cdot p_2 + \cdots + (x_n - \mu)^2 \cdot p_n$$
$$= \sum_{i=1}^{n} (x_i - \mu)^2 \cdot p_i$$

分散 = variance

を確率変数 X の **分散** σ^2 といい，その平方根

$$\sqrt{\mathrm{Var}(X)}$$

を確率変数 X の **標準偏差** σ といいます．

標本の分散は s^2 です

■ 度数分布表の平均と分散

度数分布表での平均と分散は，次のようになります．

表 6.3 度数分布表の平均と分散

ここが確率分布 →

確率変数 x_i	度数	確率 p_i	$x_i \times p_i$	$x_i - \mu$	$(x_i - \mu)^2$	$(x_i - \mu)^2 \times p_i$
−17.5	3	0.03	−0.525	−17.49	305.90	9.177
−12.5	8	0.08	−1.000	−12.49	156.00	12.480
−7.5	15	0.15	−1.125	−7.49	56.10	8.415
−2.5	27	0.27	−0.675	−2.49	6.20	1.674
2.5	22	0.22	0.550	2.51	6.30	1.386
7.5	14	0.14	1.050	7.51	56.40	7.896
12.5	7	0.07	0.875	12.51	156.50	10.955
17.5	4	0.04	0.700	17.51	306.60	12.264
合計	100	1.00	−0.150	0.08	1050.00	64.247

↑ここが平均　　　　　　　　　　　　↑ここが分散

■ 分布関数と確率密度関数

連続確率分布では

"確率変数の区間 $a \leqq X \leqq b$ の確率 $Pr(a \leqq X \leqq b)$"

は，次の図の面積のことです．

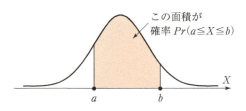

図 6.1 連続確率分布の確率

このとき，次の関数

$$F(x) = Pr(X \leqq x)$$

を確率変数 X の**分布関数**といいます．

分布関数 $F(x)$ は，次の図のようになります．

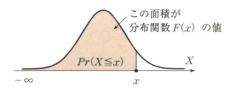

図 6.2 分布関数 $F(x)$

そして，この山の形をした曲線 $f(x)$ のことを
確率変数 X の**確率密度関数**
といいます．

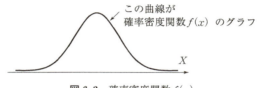

図 6.3 確率密度関数 $f(x)$

連続確率分布の確率 $Pr(a \leqq X \leqq b)$ は
分布関数 $F(x)$ を用いて
$$Pr(a \leqq X \leqq b) = F(b) - F(a)$$
のように表すことができます．

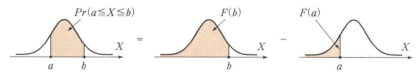

図 6.4 確率と分布関数

したがって，分布関数 $F(x)$ と確率密度関数 $f(x)$ の間には
$$F(b) - F(a) = \int_a^b f(x)\,dx$$
という関係が成り立ちます．

確率密度関数 $f(x)$ の不定積分は？？

■ 連続確率分布の平均と分散

$f(x)$ を連続確率変数 X の確率密度関数とします．このとき

$$E(X) = \int_{-\infty}^{+\infty} x \cdot f(x)\,dx$$

を確率変数 X の**平均** μ といいます．

$$\mathrm{Var}(X) = \int_{-\infty}^{+\infty} (x-\mu)^2 \cdot f(x)\,dx$$

を，確率変数 X の**分散** σ^2 といい，その平方根

$$\sqrt{\mathrm{Var}(X)}$$

を，確率変数 X の**標準偏差** σ といいます．

$\int_{-\infty}^{+\infty} f(x)\,dx$ を無限積分といいます

■ 全部の確率

確率密度関数 $f(x)$ の不定積分はわからなくても

$$\int_{-\infty}^{+\infty} f(x)\,dx = \boxed{?}$$

の値は，すぐに気がつきますね．

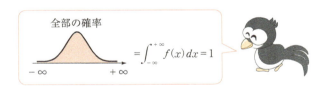

全部の確率 $= \int_{-\infty}^{+\infty} f(x)\,dx = 1$

■ 分散に関する重要な公式

$$\begin{aligned}
\mathrm{Var}(X) &= \int_{-\infty}^{+\infty} (x-\mu)^2 \cdot f(x)\,dx \\
&= \int_{-\infty}^{+\infty} (x^2 + \mu^2 - 2 \cdot x \cdot \mu) \cdot f(x)\,dx \\
&= \int_{-\infty}^{+\infty} x^2 \cdot f(x)\,dx + \mu^2 \cdot \int_{-\infty}^{+\infty} f(x)\,dx - 2 \cdot \mu \cdot \int_{-\infty}^{+\infty} x \cdot f(x)\,dx \\
&= E(X^2) + \mu^2 \cdot 1 - 2 \cdot \mu \cdot E(X) \\
&= E(X^2) + \{E(X)\}^2 - 2 \cdot E(X) \cdot E(X) \\
&= E(X^2) - \{E(X)\}^2
\end{aligned}$$

§6.3 2項分布とは？

離散確率分布の代表的な分布として，2項分布があります．

> 順列
> $n! = n \cdot (n-1) \cdots 3 \cdot 2 \cdot 1$

> **2項分布の定義**
>
> 確率変数 X が $0, 1, 2, \cdots, n$ の値をとるとき，その確率が
> $$Pr(X=x) = \binom{n}{x} \cdot p^x \cdot (1-p)^{n-x} \quad (0 < p < 1)$$
> で与えられる確率分布を**2項分布** $B(n, p)$ といいます．

> 2項分布
> = binomial distribution

2項分布は，復元抽出のときの離散確率分布です．
復元抽出とは，
箱の中から1個取り出して調べてから
箱にもどし，よくかきまぜてから，
また1個取り出して調べてから箱にもどし，
これを n 回くり返す方法です．
箱にもどさないときは，**非復元抽出**といいます．

> 組合せ
> $\binom{n}{x} = \dfrac{n!}{(n-x)! \times x!}$

> **2項分布の平均と分散**
>
> 平均　　$E(X) = \sum_{x=0}^{n} x \cdot \binom{n}{x} \cdot p^x \cdot (1-p)^{n-x} = n \cdot p$
>
> 分散　　$\mathrm{Var}(X) = \sum_{x=0}^{n} (x - np)^2 \cdot \binom{n}{x} \cdot p^x \cdot (1-p)^{n-x} = n \cdot p \cdot (1-p)$

■ 2項分布の確率とグラフ

例 6.1　$n=10$　$p=0.3$ の場合

$$確率\ Pr(X=x) = {}_{10}C_x \cdot 0.3^x \cdot (1-0.3)^{10-x}$$

表 6.4　2項分布の確率

$X=x$	$Pr(X=x)$
0	0.02825
1	0.12106
2	0.23347
3	0.26683
4	0.20012
5	0.10292
6	0.03676
7	0.00900
8	0.00145
9	0.00014
10	0.00001

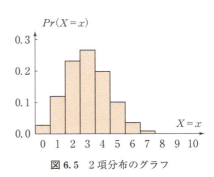

図 6.5　2項分布のグラフ

例 6.2

ある大学の理工学部で，赤ワインの好きな学生の割合が 0.3 だとします．大学の正門で 10 人の学生に

　　「あなたは赤ワインが好きですか？」

とたずねたとき

　2人の学生が

　　　　「好きです」

と答える確率は

$$\binom{10}{2} = \frac{10!}{2! \times (10-2)!}$$

Excel 関数では
COMBIN(10, 2)
となります

$$Pr(X=2) = \binom{10}{2} \times 0.3^2 \times (1-0.3)^{10-2}$$
$$= 0.233$$

となります．

これは，2項分布に従っている？？

§6.3　2項分布とは？

§6.4 正規分布とは？

連続確率分布の代表的な分布として，正規分布があります．

正規分布の定義

確率変数 X に対して，確率密度関数 $f(x)$ が

$$f(x) = \frac{1}{\sigma \cdot \sqrt{2\pi}} e^{-\frac{1}{2}\left(\frac{x-\mu}{\sigma}\right)^2} \quad (-\infty < x < +\infty)$$

で与えられる連続確率分布を**正規分布**といい，$N(\mu, \sigma^2)$ で表します．

正規分布の平均と分散

平均 $\quad E(X) = \displaystyle\int_{-\infty}^{+\infty} x \cdot \frac{1}{\sigma \cdot \sqrt{2\pi}} e^{-\frac{1}{2}\left(\frac{x-\mu}{\sigma}\right)^2} dx = \mu$

分散 $\quad \mathrm{Var}(X) = \displaystyle\int_{-\infty}^{+\infty} (x-\mu)^2 \cdot \frac{1}{\sigma \cdot \sqrt{2\pi}} e^{-\frac{1}{2}\left(\frac{x-\mu}{\sigma}\right)^2} dx = \sigma^2$

正規分布のグラフ

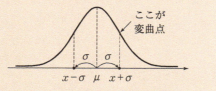

図 6.6　正規分布の平均 μ と標準偏差 σ

正規分布のグラフは Excel で!!

■ 正規分布の確率の求め方

連続確率分布の確率は
$$Pr(a \leq X \leq b) = \int_a^b f(x)\,dx$$
のようになります．

> 正規分布
> = normal distribution

したがって，正規分布 $N(\mu, \sigma^2)$ の確率は
$$Pr(a \leq X \leq b) = \int_a^b \frac{1}{\sigma \cdot \sqrt{2\pi}} e^{-\frac{1}{2}\left(\frac{x-\mu}{\sigma}\right)^2} dx$$
となりますが，この右辺の計算はカンタンには求まりません．

実際には，次のような標準化
$$x \xrightarrow{\text{標準化}} \frac{x - \mu}{\sigma}$$

> $= \dfrac{\text{データ} - \text{平均}}{\text{標準偏差}}$

を利用して，確率 $Pr(a \leq X \leq b)$ を求めます．

正規分布 $N(\mu, \sigma^2)$ の場合，標準化をすると
$$Pr(a \leq X \leq b) = Pr\left(\frac{a-\mu}{\sigma} \leq Z \leq \frac{b-\mu}{\sigma}\right)$$
となり，この右辺は

平均が 0，分散が 1^2 の標準正規分布

になります．

この右辺の確率
$$Pr\left(\frac{a-\mu}{\sigma} \leq Z \leq \frac{b-\mu}{\sigma}\right)$$
を求めるときは，標準正規分布 $N(0, 1^2)$ の数表を利用します．

> 標準正規分布のとき，確率変数を Z で表します

Excel 関数

標準正規分布の確率
= NORMSDIST（　　　　）

---

§6.4 正規分布とは？

■ 標準正規分布の確率の求め方

標準正規分布の確率は，次のような数表から求めることができます．

表 6.5 標準正規分布の数表

Z	0.00	0.01	0.02	0.03	0.04	0.05	…
0.0	0.0000	0.0040	0.0080	0.0120	0.0160	0.0199	…
0.1	0.0398	0.0438	0.0478	0.0517	0.0557	0.0596	…
0.2	0.0793	0.0832	0.0871	0.0910	0.0948	0.0987	…
0.3	0.1179	0.1217	0.1255	0.1293	0.1331	0.1368	…
0.4	0.1554	0.1591	0.1628	0.1664	0.1700	0.1736	…
⋮	⋮	⋮	⋮	⋮	⋮	⋮	
1.5	0.43319	0.43448	0.43574	0.43699	0.43822	0.43943	…
1.6	0.44520	0.44630	0.44738	0.44845	0.44950	0.45053	…
1.7	0.45543	0.45637	0.45728	0.45818	0.45907	0.45994	…
⋮							

（0.04 の列見出し，1.6 の行見出し，0.44950 のセルがハイライト）

小数点第2位以下 ／ 小数点第1位まで

例 6.3

確率 $Pr(0 \leq Z \leq 1.64)$ の値を求めたいときは
$$1.64 = 1.6 + 0.04$$
のように分けて，表 6.5 の数表の値
$$0.44950$$
を読み取ります．したがって
$$確率\ Pr(0 \leq Z \leq 1.64) = 0.44950$$
となります．

（吹き出し：縦に 1.6 横に 0.04）

例 6.4

確率 $Pr(a \leq Z \leq b)$ を求めるときの工夫

工夫—その1.

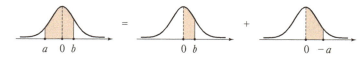

図 6.7 いろいろな確率の求め方—その1—

工夫―その 2.

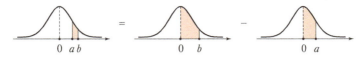

図 6.8 いろいろな確率の求め方―その 2―

工夫―その 3.

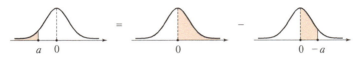

図 6.9 いろいろな確率の求め方―その 3―

例 6.5

正規分布 $N(34.04, 9.82^2)$ の確率 $Pr(30 \leq X \leq 50)$ を，標準正規分布の数表を利用して求めてみましょう．

次のように，30, 50 をそれぞれ標準化して…

$$Pr(30 \leq X \leq 50) = Pr\left(\frac{30-34.04}{9.82} \leq Z \leq \frac{50-34.04}{9.82}\right)$$

$$= Pr(-0.41 \leq Z \leq 1.63)$$

=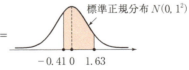

> 正規分布は平均を中心にして左右対称！！

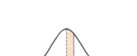

=

$= 0.44845 + 0.1591$

$= 0.60755$

■ 正規分布に関する重要な定理

定理 —その1—

確率変数 $X_1, X_2, \cdots, X_n$ が互いに独立で正規分布 $N(\mu, \sigma^2)$ に従っているとき,

$$\text{平均} \quad \bar{x} = \frac{X_1 + X_2 + \cdots + X_n}{n}$$

の分布は, 正規分布 $N\left(\mu, \dfrac{\sigma^2}{n}\right)$ になる.

定理 —その2—

確率変数 $X_1, X_2, \cdots, X_n$ が互いに独立に正規分布 $N(\mu, \sigma^2)$ に従うとき, 統計量 $\dfrac{x - \mu}{\sqrt{\dfrac{\sigma^2}{n}}}$ の分布は, 標準正規分布 $N(0, 1^2)$ になる.

定理 —その3—

2項分布 $B(N, p)$ は, 正規分布 $N(Np, Np(1-p))$ で近似される.
ただし, N が大きい場合.

$\mu = Np$
$\sigma^2 = Np(1-p)$

定理 —その4—

確率変数 $X_1, X_2, \cdots, X_n$ が互いに独立で平均 μ, 分散 σ^2 の同一の分布に従っているとき,

$$\text{統計量} \quad \bar{X} = \frac{X_1 + X_2 + \cdots + X_n}{n}$$

の分布は, n が十分大きくなると, 正規分布 $N\left(\mu, \dfrac{\sigma^2}{n}\right)$ に近づく.

これが有名な中心極限定理!

■ **Excel を使って，標準正規分布のグラフを描く方法**

① Excel のワークシートに，次のように入力します．

② B2 のセルに

$$= \text{EXP}(-1*\text{A2}^\wedge 2/2)/(2*\text{PI}(\ ))^\wedge 0.5$$

と入力し，
B2 のセルをコピー，B3 から B14 まで貼り付け．

③ B2 のセルをクリックしてから，挿入 → 散布図をクリック．

④ 散布図の中の平滑線を選択すると，標準正規分布のグラフの完成です．

演習

演習 6.1

次の標準正規分布の確率を，数表を利用して求めてください．

(1)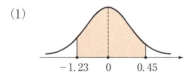

(2)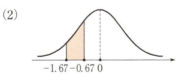

(3)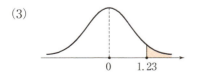

(4)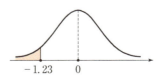

第7章 統計的推定・検定のための確率分布

この章では統計的推定・検定で用いられるカイ2乗分布，t 分布，F 分布について学びます．

§7.1 記述統計と推測統計

統計学は大きく分けて

記述統計 と **推測統計**

に分けることができます．

■ 記述統計

記述統計とは，そのデータがもっている性質を

平均値 や 分散・標準偏差

といった一つの数値で記述したり，そのデータの特徴を

棒グラフ や 円グラフ

といった視覚的な図で表現する統計処理です

したがって，記述統計では

"そのデータ自体がすべての世界"

となっています．

■ 推測統計

推測統計では，**母集団**と**標本**という2つの概念が登場します．
標本は母集団から取り出されたデータのことなので，推測統計では，

"データの背後に，もっと大きな母集団の世界がある"

と考えているわけです．

```
       母集団
    ┌─────────┐
   /           \
  | もっと大きな  |  →    標本
  | データの集まり |      {データ データ … データ}
   \           /
    └─────────┘
```

母集団とは研究対象のことです

したがって，推測統計の推測とは

"母集団を特徴づける未知のパラメータを
確率分布を利用して推測する"

ということになります．

未知のパラメータとは母集団の平均とか母集団の分散のこと

■ 統計的推定と統計的検定

母集団を特徴づけるパラメータには，母平均や母比率があります．

統計的推定とは

"母平均や母比率を母集団から取り出された標本から推定する"

ことです．

推定 = estimate

統計的検定とは

"母平均や母比率についての仮説を
母集団から取り出された標本からテストする"

ことです．

検定 = test

推測統計では

カイ2乗分布 t分布 F分布

といった確率分布を使います．

§7.2 カイ2乗分布とは？

カイ2乗分布は，独立性の検定，適合度検定のところで登場します．

カイ2乗分布の定義

確率変数 X の確率密度関数 $f(x)$ が

$$f(x) = \frac{1}{2^{\frac{n}{2}} \cdot \Gamma\left(\frac{n}{2}\right)} x^{\frac{n}{2}-1} \cdot e^{-\frac{x}{2}} \quad (0 < x < +\infty)$$

のとき，この連続確率分布を，**自由度 n のカイ2乗分布**といいます．

カイ2乗分布の平均と分散

平均　　$E(X) = \displaystyle\int_0^{+\infty} x \cdot f(x)\, dx = n$

分散　　$\mathrm{Var}(X) = \displaystyle\int_0^{+\infty} (x-n)^2 \cdot f(x)\, dx = 2n$

自由度とは自由に動ける程度のこと？！

■ 自由度 n のカイ2乗分布のグラフ

カイ2乗分布のグラフは，自由度 n の値によって，その形を変えます．

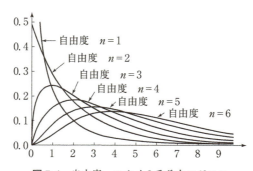

図7.1　自由度 n のカイ2乗分布のグラフ

■ カイ 2 乗分布の利用法

統計的推定・統計的検定のときに，カイ 2 乗分布を利用します．

カイ 2 乗分布を使った統計的検定のことを，**カイ 2 乗検定**といいます．

カイ 2 乗分布で重要なポイントは，

　　　　自由度 n と有意水準 0.05 で決まる

　　　　棄却限界 $\chi^2(n;0.05)$ と棄却域

です．

例 7.1

自由度 $n=1$ のカイ 2 乗分布の棄却域

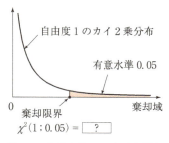

カイ 2 乗検定は 12 章です

図 7.2　有意水準 0.05 と棄却限界

例 7.2

自由度 $n=2$ のカイ 2 乗分布の棄却域

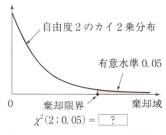

検定統計量が棄却域に入ったら仮説が棄却されます

図 7.3　有意水準 0.05 と棄却限界

■ カイ2乗分布の数表の使い方

カイ2乗分布の自由度と右端の確率が与えられたとき棄却限界 χ^2（自由度 n；確率）は，次の数表を使って求めます．

例7.3

自由度 $n=1$，右端の確率が 0.05 の場合

表7.1　カイ2乗分布の数表

自由度＼確率	0.050	0.025
1	3.841	5.024
2	5.991	7.378
3	7.815	9.348
4	9.488	11.143
5	11.071	12.833
⋮	⋮	⋮

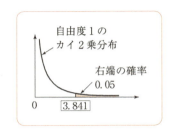

したがって，棄却限界は

$$\chi^2(1\,;0.05) = 3.841$$

となります．

右端の確率
＝有意水準

例7.4

自由度 $n=2$，右端の確率が 0.05 の場合

表7.2　カイ2乗分布の数表

自由度＼確率	0.050	0.025
1	3.841	5.024
2	5.991	7.378
3	7.815	9.348
4	9.488	11.143
5	11.071	12.833
⋮	⋮	⋮

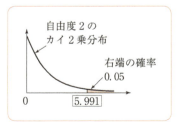

したがって，棄却限界は

$$\chi^2(2\,;0.05) = 5.991$$

となります．

■ Excel 関数 CHIDIST の使い方

逆に，カイ 2 乗分布の自由度 n と x の値が与えられたとき，

　　　　x の値より右の部分の確率

を求めたい場合もあります．

例 7.5

自由度 $n=3$, $x=1.46$ の場合

> カイ 2 乗分布
> = chi-squared distribution

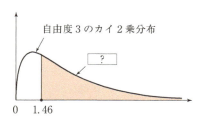

図 7.4　自由度 3 のカイ 2 乗分布

この確率を求めるための数表はありません．

そこで，Excel 関数を利用しましょう．

　　　右の部分の確率 = CHIDIST (1.46, 3)
　　　　　　　　　　 = 0.6915

となります．

x の値が検定統計量のとき，この右の部分の確率を

有意確率

といいます．

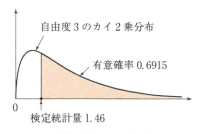

図 7.5　検定統計量と有意確率の関係

Excel 関数

カイ 2 乗分布の確率
= CHIDIST

§7.3 t 分布とは？

t 分布は，母平均の区間推定，2つの母平均の差のところで登場します．

t 分布の定義

確率変数 X の確率密度関数 $f(x)$ が

$$f(x) = \frac{\Gamma\left(\frac{n+1}{2}\right)}{\sqrt{n\pi} \cdot \Gamma\left(\frac{n}{2}\right) \cdot \left(1 + \frac{x^2}{n}\right)^{\frac{n+1}{2}}} \quad (-\infty < x < +\infty)$$

のとき，この連続確率分布を**自由度 n の t 分布**といいます．

t 分布の平均と分散

平均　　$E(X) = \int_{-\infty}^{+\infty} x \cdot f(x)\, dx = 0$

分散　　$\mathrm{Var}(X) = \int_{-\infty}^{+\infty} (x-0)^2 \cdot f(x)\, dx = \dfrac{n}{n-2} \quad (n \geq 2)$

■ 自由度 n の t 分布のグラフ

自由度 n の値によって，t 分布のグラフの形は少し異なります．

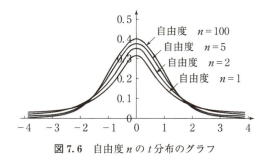

図 7.6　自由度 n の t 分布のグラフ

自由度 n が大きくなると t 分布は標準正規分布に近づきます

■ t 分布の利用法

統計的推定・統計的検定のときに，t 分布を利用します．
t 分布を使った統計的検定のことを，**t 検定**といいます．

t 検定で重要なポイントは，
　　　自由度 n と有意水準 0.05 で決まる
　　　棄却限界 $t(n; 0.05)$ と棄却域
です．

> t 検定は
> 10 章です

例 7.6

自由度 $n=5$ の t 分布の棄却域

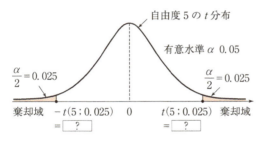

図 7.7　有意水準と棄却限界

> 棄却域が両側に
> あるときは有意
> 水準 0.05 を
> $\dfrac{0.05}{2}$ と $\dfrac{0.05}{2}$
> に分けます

例 7.7

自由度 $n=10$ の t 分布の棄却域

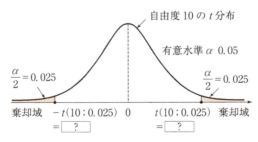

図 7.8　有意水準と棄却限界

> 棄却域が両側
> にあるとき
> 両側検定
> といいます

■ t 分布の数表の使い方

t 分布の自由度 n と右端の確率が与えられたとき，棄却限界 t（自由度 n；確率）は，次の数表から求めます．

例7.8 自由度 $n=5$，右端の確率が 0.05 の場合

表 7.3　t 分布の数表

自由度＼確率	0.050	0.025
1	6.314	12.706
2	2.920	4.303
3	2.353	3.182
4	2.132	2.776
5	2.015	2.571
6	1.943	2.447
7	1.895	2.365
⋮	⋮	⋮

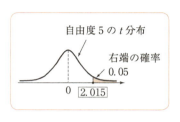

したがって，棄却限界は
$$t(5\,;0.05) = 2.015$$
となります．

例7.9 自由度 $n=10$，右端の確率が 0.025 の場合

表 7.4　t 分布の数表

自由度＼確率	0.050	0.025
6	1.943	2.447
7	1.895	2.365
8	1.860	2.306
9	1.833	2.262
10	1.812	2.228
11	1.796	2.201
12	1.782	2.179
⋮	⋮	⋮

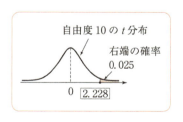

したがって，棄却限界は
$$t(10\,;0.025) = 2.228$$
となります．

■ Excel 関数 TDIST の使い方

逆に，t 分布の自由度 n と x の値が与えられたとき，

　　　x の値より右の部分の確率

を求めたい場合があります．

例 7.10　自由度 $n=5$，x の値が 1.46 の場合

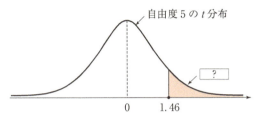

図 7.9　自由度 5 の t 分布

この確率を求めるための数表はありません．

そこで，Excel 関数を利用しましょう．

$$x \text{ の右の部分の確率} = \text{TDIST}(1.46, 5, 1)$$
$$= 0.1021$$

となります．

x の値が検定統計量の場合，x の右の部分の確率を

　　　（片側）有意確率

といいます．

> **Excel 関数**
> t 分布の確率 = TDIST

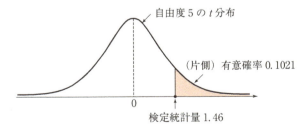

図 7.10　検定統計量と有意確率の関係

§7.4 F分布とは？

F 分布は，1元配置の分散分析のところで登場します．

> **F分布の定義**
>
> 確率変数 X の確率密度関数 $f(x)$ が
>
> $$f(x) = \frac{\Gamma\left(\dfrac{n_1+n_2}{2}\right) \cdot \left(\dfrac{n_1}{n_2}\right)^{\frac{m}{2}} \cdot x^{\frac{m}{2}-1}}{\Gamma\left(\dfrac{n_1}{2}\right) \cdot \Gamma\left(\dfrac{n_2}{2}\right) \cdot \left(1+\dfrac{n_1}{n_2}x\right)^{\frac{n_1+n_2}{2}}} \quad (0 < x < +\infty)$$
>
> のとき，この連続確率分布を**自由度 (n_1, n_2) の F 分布**といいます．

> **F分布の平均と分散**
>
> 平均 $\quad E(X) = \displaystyle\int_0^\infty x \cdot f(x)\,dx = \dfrac{n_2}{n_2-2}$
>
> 分散 $\quad \mathrm{Var}(X) = \displaystyle\int_0^\infty \left(x - \dfrac{n_2}{n_2-2}\right)^2 \cdot f(x)\,dx = \dfrac{2(n_1+n_2-2) \cdot n_2^2}{n_1 \cdot (n_2-2)^2 \cdot (n_2-4)}$

■ **F 分布の性質**

性質1．

$$F(n_2, n_1 ; 1-\alpha) = \frac{1}{F(n_1, n_2 ; \alpha)}$$

性質2．

$$\text{自由度 } (1, n_2) \text{ の } F \text{ 分布} = (\text{自由度 } n_2 \text{ の } t \text{ 分布})^2$$

■ 自由度 (n_1, n_2) の F 分布のグラフ

自由度 (n_1, n_2) の値によって，F 分布のグラフの形は変わります．

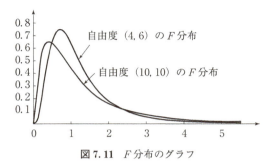

図 7.11 F 分布のグラフ

自由度 $n_1 = 1$ の場合

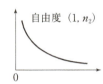

自由度 $n_1 = 2$ の場合

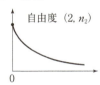

自由度 $n_1 = 3$ の場合

F 分布はむつかしいですね！
気にしないで先に進みましょう．
気にしない，気にしない．

■ **F 分布の利用法**

F 分布は,次のような 2 つの分散の比の確率分布です.

> **F 分布の定義**
>
> 確率変数 $X_1, X_2, \cdots, X_{n_1}$, $Y_1, Y_2, \cdots, Y_{n_2}$ は互いに独立で
>
> $X_i (i=1, 2, \cdots, n_1)$ は 正規分布 $N(\mu_1, \sigma_1^2)$
>
> $Y_j (j=1, 2, \cdots, n_2)$ は 正規分布 $N(\mu_2, \sigma_2^2)$
>
> に従うとき,
>
> $$s_1^2 = \frac{(X_1-\bar{X})^2 + (X_2-\bar{X})^2 + \cdots + (X_{n_1}-\bar{X})^2}{n_1-1}$$
>
> $$s_2^2 = \frac{(Y_1-\bar{Y})^2 + (Y_2-\bar{Y})^2 + \cdots + (Y_{n_2}-\bar{Y})^2}{n_2-1}$$
>
> とおくと,
>
> $$\text{統計量} \quad F = \frac{\dfrac{s_1^2}{\sigma_1^2}}{\dfrac{s_2^2}{\sigma_2^2}}$$
>
> の分布は,自由度 $(n_1-1,\ n_2-1)$ の F 分布に従います.

重回帰分析や分散分析といった統計処理では,次の表がよく出てきます.

分散分析表

変動	平方和	自由度	平均平方	F 値
回帰による変動	S_R	p	V_R	F_0
残差による変動	S_E	$N-p-1$	V_E	

この表の F 値のところが,F 分布に従う検定統計量です.

$$V_R = \frac{S_R}{p}, \quad V_E = \frac{S_E}{N-p-1}, \quad F_0 = \frac{V_R}{V_E}$$

演習

演習 7.1

カイ 2 乗分布の値を数表から求めてください.

(1) $\chi^2(1 ; 0.05) =$ ☐　　(2) $\chi^2(2 ; 0.05) =$ ☐

(3) $\chi^2(3 ; 0.05) =$ ☐　　(4) $\chi^2(4 ; 0.05) =$ ☐

(5) $\chi^2(8 ; 0.05) =$ ☐　　(6) $\chi^2(9 ; 0.05) =$ ☐

演習 7.2

Excel を利用して，カイ 2 乗分布の確率を求めてください.

(1) CHIDIST(1.23, 2) = ☐　　(2) CHIDIST(1.23, 3) = ☐

(3) CHIDIST(4.56, 4) = ☐　　(4) CHIDIST(4.56, 5) = ☐

(5) CHIDIST(7.89, 6) = ☐　　(6) CHIDIST(7.89, 7) = ☐

演習 7.3

t 分布の値を数表から求めてください.

(1) $t(7, 0.025) =$ ☐　　(2) $t(8, 0.025) =$ ☐

(3) $t(9, 0.025) =$ ☐　　(4) $t(10, 0.025) =$ ☐

(5) $t(11, 0.025) =$ ☐　　(6) $t(12, 0.025) =$ ☐

演習 7.4

Excel を利用して，t 分布の確率を求めてください.

(1) TDIST(1.23, 7) = ☐　　(2) TDIST(1.23, 8) = ☐

(3) TDIST(1.45, 9) = ☐　　(4) TDIST(1.45, 10) = ☐

(5) TDIST(1.67, 11) = ☐　　(6) TDIST(1.67, 12) = ☐

第8章 統計的推定・その1
―母平均の区間推定の計算―

この章では理工系でよく使われる母平均の区間推定について学びます.

§8.1 母平均の区間推定とは？

理工系の統計では，次のような平均の区間推定がよく利用されています.

表 信頼係数95%の信頼区間

	平均±SD	下側信頼限界	上側信頼限界
Na	4.887±1.122	4.084	5.690
Mg	0.614±0.148	0.508	0.720
NH_4	0.292±0.114	0.211	0.373
pH	7.480±0.193	7.342	7.618

注）信頼係数95%

> 区間推定
> ＝interval estimation

平均の区間推定とは，研究対象からランダムに取り出した

$$\text{大きさ } N \text{の標本} \quad \{x_1 \ x_2 \ \cdots \ x_N\}$$

から

"研究対象の平均 μ を推定する"

ことです.

このとき,

- ●研究対象　　　　　を　**母集団**
- ●研究対象の平均　　を　**母平均**

といいます.

> 母集団が正規分布に従うとき正規母集団といいます

平均の区間推定をおこなう場合

"母集団の分布は正規分布に従っている"
と仮定します．

したがって，母平均の区間推定は，次のような流れになります．

> 信頼区間
> = confidence interval

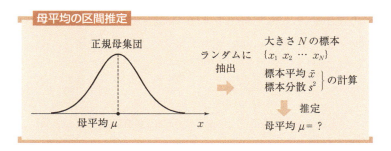

理工系のデータを使って，母平均の区間推定を勉強しましょう！

例 8.1

次のデータは，河川 A の Na，Mg，NH$_4$，pH について測定した結果です．

表 8.1　河川 A のいろいろな測定値

資料 No	Na mg/L	Mg mg/L	NH$_4$ mg/L	pH
1	5.63	0.65	0.32	7.3
2	2.86	0.72	0.15	7.6
3	4.54	0.57	0.24	7.4
4	5.21	0.61	0.18	7.2
5	4.18	0.52	0.27	7.5
6	3.85	0.51	0.19	7.3
7	5.08	0.49	0.51	7.7
8	4.94	0.68	0.43	7.4
9	5.62	0.95	0.34	7.8
10	6.96	0.44	0.29	7.6

§8.1　母平均の区間推定とは？

§8.2 母平均の区間推定のしくみ

母平均の信頼区間を求めるときは，次の公式を利用します．

> **母平均の信頼区間の公式 ―信頼係数 95%―**
>
> 正規母集団から標本 $\{x_1 \ x_2 \ \cdots \ x_N\}$ をランダムに取り出すとき母平均 μ の信頼係数 95% 信頼区間は
>
> $$\underbrace{\bar{x} - t(N-1\,;0.025) \cdot \sqrt{\frac{s^2}{N}}}_{\text{下側信頼限界}} \leq \mu \leq \underbrace{\bar{x} + t(N-1\,;0.025) \cdot \sqrt{\frac{s^2}{N}}}_{\text{上側信頼限界}}$$
>
> となる．ただし，
> $\begin{cases} \bar{x}:\text{標本平均},\ s^2:\text{標本分散},\ N:\text{データ数} \\ t(N-1\,;0.025):\text{自由度}\ N-1\ \text{の}\ t\ \text{分布の}\ 2.5\%\ \text{点} \end{cases}$

信頼係数 95% とは母平均 μ が区間に含まれるパーセントのことです

■ この公式の導き方

次の定理を思い出しましょう．

> N 個のデータ $\{x_1 \ x_2 \ \cdots \ x_N\}$ が正規母集団 $N(\mu\,;\sigma^2)$ からランダムに取り出されたとき
>
> $$\dfrac{\bar{x} - \mu}{\sqrt{\dfrac{\sigma^2}{N}}} \quad \text{の分布} \quad \text{は} \quad \text{標準正規分布}\ N(0\,;1^2)$$
>
> となる．

このとき，標準正規分布の確率 95% の範囲は，次のようになります．

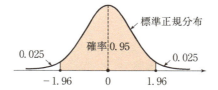

図 8.1　標準正規分布の確率 95% の区間

したがって，この確率 95% の範囲から

$$-1.96 \leqq \frac{\bar{x} - \mu}{\sqrt{\dfrac{\sigma^2}{N}}} \leqq 1.96$$

となります．この不等式を，次々と変形してゆくと …

$$-1.96 \times \sqrt{\frac{\sigma^2}{N}} \leqq \bar{x} - \mu \leqq 1.96 \times \sqrt{\frac{\sigma^2}{N}}$$

$$-\bar{x} - 1.96 \times \sqrt{\frac{\sigma^2}{N}} \leqq -\mu \leqq -\bar{x} + 1.96 \times \sqrt{\frac{\sigma^2}{N}}$$

$$\underbrace{\bar{x} - 1.96 \times \sqrt{\frac{\sigma^2}{N}}}_{\text{下側信頼限界}} \leqq \mu \leqq \underbrace{\bar{x} + 1.96 \times \sqrt{\frac{\sigma^2}{N}}}_{\text{上側信頼限界}}$$

ところが，母平均 μ を推定するためには，不等式の両端の

$$\text{母分散 } \sigma^2 = \boxed{}$$

の値がわかっていなければなりません．

母分散 σ^2 が未知のときには，どうすればよいのでしょうか？

そこで，次の定理を利用します．

N 個のデータ $\{x_1 \ x_2 \ \cdots \ x_N\}$ が正規母集団 $N(\mu; \sigma^2)$ からランダムに取り出されたとき

$\dfrac{\bar{x} - \mu}{\sqrt{\dfrac{s^2}{N}}}$ の分布　は　自由度 $N-1$ の t 分布

となる．ただし，$\bar{x}$：標本平均，s^2：標本分散

---

§8.2　母平均の区間推定のしくみ

このとき，確率 95% の t 分布の範囲は，次のようになります．

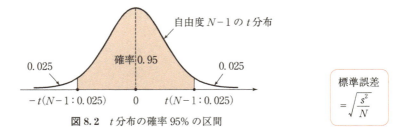

図 8.2　t 分布の確率 95% の区間

したがって，この確率 95% の範囲から

$$-t(N-1;0.025) \leqq \frac{\bar{x}-\mu}{\sqrt{\frac{s^2}{N}}} \leqq t(N-1;0.025)$$

となります．この不等式を変形してゆくと……

$$-t(N-1;0.025) \times \sqrt{\frac{s^2}{N}} \leqq \bar{x}-\mu \leqq t(N-1;0.025) \times \sqrt{\frac{s^2}{N}}$$

$$-\bar{x}-t(N-1;0.025) \times \sqrt{\frac{s^2}{N}} \leqq -\mu \leqq -\bar{x}+t(N-1;0.025) \times \sqrt{\frac{s^2}{N}}$$

$$\underbrace{\bar{x}-t(N-1;0.025) \times \sqrt{\frac{s^2}{N}}}_{\text{下側信頼限界}} \leqq \mu \leqq \underbrace{\bar{x}+t(N-1;0.025) \times \sqrt{\frac{s^2}{N}}}_{\text{上側信頼限界}}$$

となり，母平均 μ の信頼区間の公式が導かれます．

母分散 σ^2 が既知と未知の場合では，信頼区間の範囲が異なります．

表 8.2　信頼係数 95% の母平均の信頼区間

既知	$\bar{x}-1.96 \times \sqrt{\frac{\sigma^2}{N}} \leqq$ 母平均 $\mu \leqq \bar{x}-1.96 \times \sqrt{\frac{\sigma^2}{N}}$
未知	$\bar{x}-t(N-1;0.025) \times \sqrt{\frac{s^2}{N}} \leqq$ 母平均 $\mu \leqq \bar{x}-t(N-1;0.025) \times \sqrt{\frac{s^2}{N}}$

自由度 n の t 分布の 2.5% 点は,次のようになっています.

表 8.3 自由度 n の 2.5% 点

自由度 n	0.025
1	12.71
2	4.30
3	3.18
4	2.78
5	2.57
10	2.23
20	2.09
30	2.04
40	2.02
⋮	⋮
100	1.98
⋮	⋮
1000	1.96

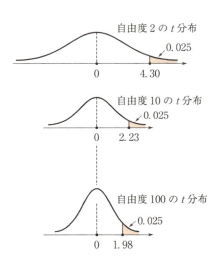

したがって,データ数 N が大きくなると,自由度 $N-1$ も大きくなるので t 分布の 2.5% 点は,標準正規分布の 1.96 に近づきます.

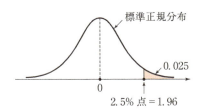

図 8.3 標準正規分布の 2.5% 点

データ数 N が十分大きい場合,信頼区間は次のようになります.

表 8.4 信頼係数 95% の母平均の信頼区間　$N > 30$

$$\bar{x} - 1.96 \times \sqrt{\frac{s^2}{N}} \leq 母平均\ \mu \leq \bar{x} + 1.96 \times \sqrt{\frac{s^2}{N}}$$

§8.3 母平均の区間推定の公式と例題

■ **公式**　母平均の信頼区間　—信頼係数 95% の場合—

① 次のような表を用意します．

表 8.5　データの型と統計量

No.	データ x	x^2
1	x_1	x_1^2
2	x_2	x_2^2
⋮	⋮	⋮
N	x_N	x_N^2
合計	$\sum_{i=1}^{N} x_i$	$\sum_{i=1}^{N} x_i^2$

② 表 8.5 の合計を使って，母平均の信頼区間を計算します．

標本平均　　$\bar{x} = \dfrac{\sum_{i=1}^{N} x_i}{N}$

標本分散　　$s^2 = \dfrac{N \cdot \left(\sum_{i=1}^{N} x_i^2\right) - \left(\sum_{i=1}^{N} x_i\right)^2}{N \cdot (N-1)}$

t 分布の値　　$t(N-1\,;\,0.025) = \boxed{t \text{ 分布の数表}}$

下側信頼限界
$= \bar{x} - t(N-1\,;\,0.025) \cdot \sqrt{\dfrac{s^2}{N}}$

上側信頼限界
$= \bar{x} + t(N-1\,;\,0.025) \cdot \sqrt{\dfrac{s^2}{N}}$

下側信頼限界 ≦ 母平均 ≦ 上側信頼限界

■ 例題　—母平均の区間推定（信頼係数 95% の場合）—

① 例 8.1 のデータから，次の表を用意します．

表 8.6　データと統計量

資料 No	Na x	x^2
1	5.63	31.6969
2	2.86	8.1796
3	4.54	20.6116
4	5.21	27.1441
5	4.18	17.4724
6	3.85	14.8225
7	5.08	25.8064
8	4.94	24.4036
9	5.62	31.5844
10	6.96	48.4416
合計	48.87	250.163

② 表 8.6 の合計を使って，母平均の信頼区間を求めます．

標本平均　$\bar{x} = \dfrac{\boxed{48.87}}{\boxed{10}} = \boxed{4.887}$

標本分散　$s^2 = \dfrac{\boxed{10} \times \boxed{250.163} - \boxed{48.87}^2}{\boxed{10} \times (\boxed{10} - 1)} = \boxed{1.2595}$

t 分布の値　$t(10-1 ; 0.025) = \boxed{2.262}$

下側信頼限界

$= \boxed{4.887} - \boxed{2.262} \times \sqrt{\dfrac{\boxed{1.2595}}{\boxed{10}}}$

$= \boxed{4.084}$

上側信頼限界

$= \boxed{4.887} + \boxed{2.262} \times \sqrt{\dfrac{\boxed{1.2595}}{\boxed{10}}}$

$= \boxed{5.690}$

$\boxed{4.084} \leq$ 母平均 $\leq \boxed{5.690}$

§ 8.3　母平均の区間推定の公式と例題

演習

演習 8.1

次のデータの母平均の区間推定をしましょう．
信頼係数は 95% とします．

表 8.7 データと統計量

資料 No	NH_4 x	x^2
1	0.32	
2	0.15	
3	0.24	
4	0.18	
5	0.27	
6	0.19	
7	0.51	
8	0.43	
9	0.34	
10	0.29	
合計		

標本平均　$\bar{x} = \dfrac{\boxed{}}{\boxed{}} = \boxed{}$

標本分散　$s^2 = \dfrac{\boxed{} \times \boxed{} - \boxed{}^2}{\boxed{} \times (\boxed{} - 1)} = \boxed{}$

t 分布の 2.5% 点 $= t(\boxed{} - 1\,;\,0.025) = \boxed{}$

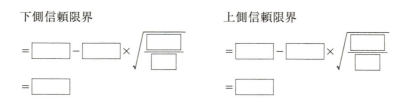

演習 8.2

次のデータは，メーカー A とメーカー B の LED 電球の全光束を測定した結果です．

(1) メーカー A の全光束の母平均の区間推定をしてください．
信頼係数は 95% とします．

(2) メーカー B の全光束の母平均の区間推定をしてください．
信頼係数は 95% とします．

表 8.8　全光束の比較

メーカー A		メーカー B	
No	全光束	No	全光束
1	322	1	267
2	320	2	266
3	327	3	278
4	317	4	279
5	323	5	279
6	325	6	273
7	340	7	264
8	317	8	268
9	327	9	272
10	341	10	269

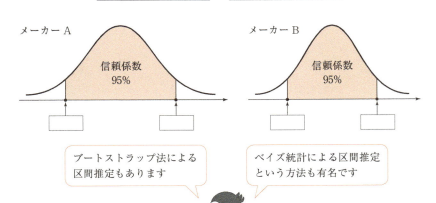

第9章 統計的推定・その2
― 母比率の区間推定の計算 ―

この章では理工系でよく利用されている母比率の区間推定について学びます．

§9.1 母比率の区間推定とは？

理工系の統計では，次のような比率の区間推定をよく利用します．

表　信頼係数95%の信頼区間

種類	発芽率	下側信頼限界	上側信頼限界
インゲン豆	82.0%	78.2%	85.8%
エンドウ豆	73.0%	68.6%	77.4%

注）信頼係数95%

比率の区間推定とは，研究対象からランダムに取り出した

　　　　　大きさ N の標本　$\{x_1\ x_2\ \cdots\ x_N\}$

から

　　　　　"研究対象の比率 p を推定する"

ことです．このとき

- 研究対象のことを　　　　　**母集団**
- 研究対象の比率のことを　　**母比率**

といいます．

製品の不適合品率など

比率の区間推定の場合
　"母集団の分布は2項分布に従っている"
という前提をおきます．

したがって，母比率の区間推定は，次のような流れになります．

> 率 = rate
> 比 = ratio
> 比率 = proportion

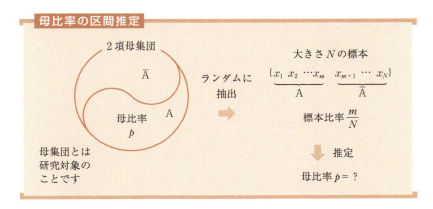

母比率の区間推定

理工系のデータを使って，母比率の区間推定をしましょう．

例 9.1　次のデータは，インゲン豆とエンドウ豆の発芽実験の結果です．

表 9.1　発芽実験

種類	発芽種子数	置床種子数
インゲン豆	328	400
エンドウ豆	292	400

> データ数 N が小さいときは F 分布を利用した母比率の区間推定の公式があります

§9.1　母比率の区間推定とは？

§9.2 母比率の区間推定のしくみ

母比率の信頼区間を求めるときは，次の公式を利用します．

> **母比率の信頼区間の公式 ─信頼係数 95% の場合─**
>
> 2項母集団から標本 $\{x_1\ x_2\ \cdots\ x_N\}$ をランダムに取り出すときカテゴリ A に属するデータの個数が m であれば，母比率 p の信頼係数 95% 信頼区間は，
>
> $$\underbrace{-1.96\cdot\sqrt{\frac{\frac{m}{N}\cdot\left(1-\frac{m}{N}\right)}{N}}}_{\text{下側信頼限界}} \leq p \leq \underbrace{+1.96\cdot\sqrt{\frac{\frac{m}{N}\cdot\left(1-\frac{m}{N}\right)}{N}}}_{\text{上側信頼限界}}$$
>
> となる．

■ この公式の導び方

次の定理を思い出しましょう．

> N が大きいとき，2項分布 $B(N, p)$ は，
> 正規分布 $N(N\cdot p,\ N\cdot p(1-p))$ で近似されます．

この公式は
N が大きいとき!!

よって，

標本比率 $\dfrac{m}{N}$ は正規分布 $N\left(p,\ \dfrac{p(1-p)}{N}\right)$ で近似されます

ここで，標準化すると

$$\dfrac{\dfrac{m}{N}-p}{\sqrt{\dfrac{p(1-p)}{N}}}\text{ の分布は標準正規分布 }N(0, 1^2) \text{ になります．}$$

標準正規分布の確率 95% の範囲は

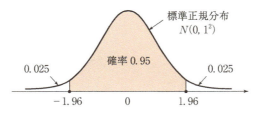

図 9.1 標準正規分布の確率 95% の区間

となるので，次の不等式が得られます．

$$-1.96 \leqq \frac{\frac{m}{N} - p}{\sqrt{\frac{p(1-p)}{N}}} \leqq 1.96$$

この不等式を変形してゆくと…

$$-1.96 \times \sqrt{\frac{p(1-p)}{N}} \leqq \frac{m}{N} - p \leqq 1.96 \times \sqrt{\frac{p(1-p)}{N}}$$

$$-\frac{m}{N} - 1.96 \times \sqrt{\frac{p(1-p)}{N}} \leqq -p \leqq -\frac{m}{N} + 1.96 \times \sqrt{\frac{p(1-p)}{N}}$$

$$\frac{m}{N} - 1.96 \times \sqrt{\frac{p(1-p)}{N}} \leqq p \leqq \frac{m}{N} + 1.96 \times \sqrt{\frac{p(1-p)}{N}}$$

となります．

ここで，平方根の中の p を $\frac{m}{N}$ で置き換えてみると

$$\underbrace{\frac{m}{N} - 1.96 \times \sqrt{\frac{\frac{m}{N} \cdot \left(1 - \frac{m}{N}\right)}{N}}}_{\text{下側信頼限界}} \leqq p \leqq \underbrace{\frac{m}{N} + 1.96 \times \sqrt{\frac{\frac{m}{N} \cdot \left(1 - \frac{m}{N}\right)}{N}}}_{\text{上側信頼限界}}$$

となり，母比率 p の信頼区間の公式が導かれました．

§9.3 母比率の区間推定の公式と例題

■ 公式　母比率の信頼区間　—信頼係数 95% の場合—

① 次のような表を用意します．

表 9.2　データの型

	カテゴリ A	カテゴリ $\overline{A}$	合計
データの個数	m	$N-m$	N

② 表 9.2 を使って，母比率の信頼区間を計算します．

$$\text{標本比率} = \frac{m}{N}$$

$$\text{下側信頼限界} = \frac{m}{N} - 1.96 \cdot \sqrt{\frac{\frac{m}{N} \cdot \left(1 - \frac{m}{N}\right)}{N}}$$

$$\text{上側信頼限界} = \frac{m}{N} + 1.96 \cdot \sqrt{\frac{\frac{m}{N} \cdot \left(1 - \frac{m}{N}\right)}{N}}$$

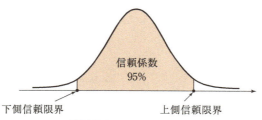

図 9.2　母比率の信頼区間

■ **例題** 母比率の区間推定（信頼係数 95% の場合）

① 例 9.1 から，次の表を用意します．

表 9.3 データ

種類	発芽種子数	置床種子数
インゲン豆	328	400

② 表 9.3 を使って，母比率の信頼区間を計算します．

$$\text{標本比率} = \frac{\boxed{328}}{\boxed{400}}$$

$$= \boxed{0.820}$$

$$\text{下側信頼限界} = \frac{\boxed{328}}{\boxed{400}} - 1.96 \times \sqrt{\frac{\frac{\boxed{328}}{\boxed{400}} \times \left(1 - \frac{\boxed{328}}{\boxed{400}}\right)}{\boxed{400}}}$$

$$= \boxed{0.782}$$

$$\text{上側信頼限界} = \frac{\boxed{328}}{\boxed{400}} + 1.96 \times \sqrt{\frac{\frac{\boxed{328}}{\boxed{400}} \times \left(1 - \frac{\boxed{328}}{\boxed{400}}\right)}{\boxed{400}}}$$

$$= \boxed{0.858}$$

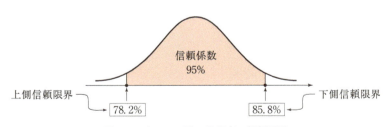

図 9.3 インゲン豆の発芽率の信頼区間

信頼係数 95% とは，母比率 p が区間に含まれるパーセントのことです

§9.3 母比率の区間推定の公式と例題

演習

演習 9.1

次のデータは地域 A と地域 B のそれぞれの主要交差点において，一定時間内に通過した自動車の台数とその中の電気自動車の台数を調査した結果です．

電気自動車の普及率を信頼係数 95% で区間推定してください．

表 9.4 電気自動車数

地域	電気自動車数	全自動車数
地域 A	38	1379
地域 B	12	765

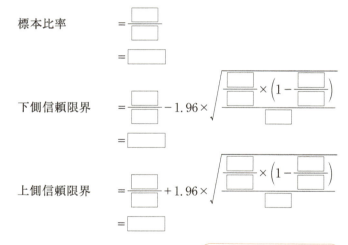

地域 A の場合 …
地域 B の場合 …
地域 A + 地域 B の場合 …

演習 9.2

次のデータは，デントン市における原子力発電所設置に関するアンケート調査の結果です．

原子力発電所設置に反対の人たちの比率を信頼係数 95% で区間推定してください．

表 9.5　原子力発電所設置

性別	反対	どちらともいえない	賛成	合計
女性	178	42	35	255
男性	95	27	146	268
合計	273	69	181	523

女性の場合 …
男性の場合 …
合計の場合 …

原子力発電に関するアンケート調査票

質問項目 1．あなたの性別は？
　回答　　1．反対　　2．どちらともいえない　　3．賛成
質問項目 2．あなたは原子力発電について，どう思いますか．
　回答　　1．女性　　　　2．男性

第10章 統計的検定の手順と計算
—2つの母平均の差の検定—

この章では理工系でよく使われる2つの母平均の差の検定について学びます.

§10.1 統計的検定の手順

理工系の統計では,次のような平均の差の検定をよく利用します.

表 地点Aと地点BにおけるCOの差の検定

	平均値	標準偏差	t値	自由度	有意確率
地点A	0.732	0.103	2.260	18	0.036
地点B	0.637	0.084			

注) $p^* \leq 0.05$　　$p^{**} \leq 0.01$

統計的検定とは

"研究対象に対する仮説が棄却されるかどうか？"

を調べる統計処理のことです.

この研究対象のことを**母集団**といいます.

この研究対象から取り出されたデータのことを**標本**といいます.

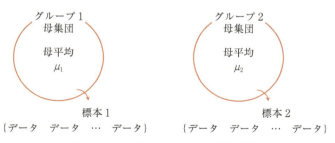

図9.1 2つのグループからなる研究対象

統計的検定は

　　　　　　　〇〇の検定　　△△の検定　　〇△の検定

といったように，実に多種多様な検定が知られていますが
どの検定の場合でも，次の検定の手順は同じです．

■ 統計的検定のための3つの手順

検定の手順1

研究対象の母集団に対し，**仮説** H_0 と**対立仮説** H_1 をたてます．

検定の手順2

母集団からデータを取り出し，**検定統計量** T を計算します．

検定の手順3

検定統計量 T が**棄却域**に入ると，仮説 H_0 を棄却し，対立仮説を採択します．

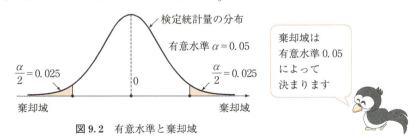

図 9.2　有意水準と棄却域

§10.1　統計的検定の手順

§10.2 第1種の誤りと第2種の誤り

統計的検定をおこなうとき，2つの重要な概念があります．
それが　第1種の誤り　と　第2種の誤り　です．

第1種の誤りとは…
　　"仮説 H_0 が正しいにもかかわらず，対立仮説 H_1 を採択する"

第2種の誤りとは…
　　"対立仮説 H_1 が正しいにもかかわらず，仮説 H_0 を採択する"

例えば，赤ズキンちゃんとオオカミのお話の場合
　　"帽子をかぶって寝ているのはオオカミ"を仮説 H_0
　　"帽子をかぶって寝ているのはおばあさん"を対立仮説 H_1
としたとき，
　　　"赤ズキンちゃんがオオカミに食べられる"
のは
　　　"赤ズキンちゃんが第1種の誤りをした"
ということになります．

「赤ズキン」はグリム童話のおはなしです

表 10.1　第1種の誤りと第2種の誤り

	仮説 H_0 は正しい	対立仮説 H_1 は正しい
仮説　H_0 を採択	正しい選択	第2種の誤り
対立仮説 H_1 を採択	第1種の誤り	正しい選択

この4つの確率を次のように表現します．

表 10.2　有意水準 α と検出力 $1-\beta$

	仮説 H_0 は正しい	対立仮説 H_1 は正しい
仮説　H_0 を採択	$1-\alpha$	β
対立仮説 H_1 を採択	α（有意水準）	$1-\beta$（検出力）

ところで，統計的検定では
"仮説 H_0 を棄却することによって
対立仮説 H_1 を採択し，研究の成果を評価する"
となります．
そこで，次のように，仮説 H_0 と対立仮説 H_1 をたてます．
仮説　　　H_0：帽子をかぶって寝ているのはおばあさん
対立仮説 H_1：帽子をかぶって寝ているのはオオカミ

したがって，
"赤ズキンちゃんが統計的検定を知っていた"
としたら，
"仮説 H_0 を棄却し，オオカミに食べられなかった"
ということになります．

表 10.3　赤ズキンちゃんとオオカミ

	寝ているのは おばあさん	寝ているのは オオカミ
赤ワインを 届ける	正しい選択	第2種の誤り オオカミに食べられる
赤ワインを 届けない	第1種の誤り	正しい選択 オオカミに食べられない

ところで，この第1種の誤りの確率を
有意水準 α
といい，統計的検定では
$$\alpha = 0.05$$
と設定します．

確率 $1-\beta$ を検出力といいます

有意水準
= level of significance

§10.2　第1種の誤りと第2種の誤り

§10.3 検出力と効果サイズ

統計的検定を，より正確におこなうときは，次の2つの概念

検出力　と　効果サイズ

が大切です．

■ 検出力とは

第2種の誤りの確率を β としたとき，
確率 $1-\beta$ のことを

検出力

といいます．

検定力とも
いいます

つまり，

仮説　　H_0：ベッドで寝ているのはおばあさん
対立仮説 H_1：ベッドで寝ているのはオオカミ

としたとき

"ベッドで寝ているのはオオカミなので
　　　　赤ワインを届けない確率"

が検出力となります．

統計的検定では，

検出力 $1-\beta$ の大きい検定がより望ましい検定

となります．

検出力 $1-\beta$
= statistical power

■ 両側検定の検出力

両側検定の場合は，次の図のようになります．

仮説　　　$H_0：\mu_1 = \mu_2$
対立仮説　$H_1：\mu_1 \neq \mu_2$

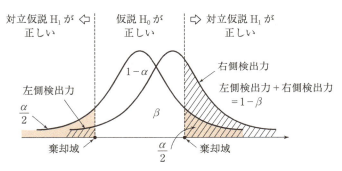

図 10.3　両側検定の場合

■ 片側検定の検出力

片側検定の場合は，次の図のようになります．

仮説　　　$H_0：\mu_1 = \mu_2$
対立仮説　$H_1：\mu_1 < \mu_2$

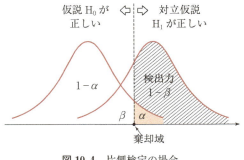

図 10.4　片側検定の場合

検出力の計算は非心分布を使います

§10.3　検出力と効果サイズ

■ 効果サイズとは

効果サイズは

effect size

の訳です

この"effect size"は効果量とも訳され,最近では

<mark>研究論文や報告書の作成の際に記入すべき統計量</mark>

とされています.

研究論文における統計処理といえば

統計的推定 や 統計的検定

が中心的話題ですが,この統計的検定には

"データ数が大きくなると有意確率が小さくなる"

という性質があります.

この**有意確率**は,次の図のような

検定統計量の外側の確率

のことです.

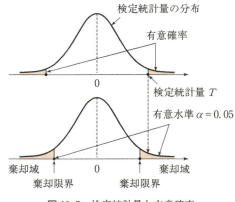

図 10.5 検定統計量と有意確率

有意確率が小さいと
"検定統計量は棄却域に含まれる"
ので，仮説は棄却されることになります．

したがって，仮説 H_0 を棄却したければ，
"有意確率を小さくすればよい"
ので，
"データ数 N を多くしよう"
というユウワクにかられることになります．

このような統計的検定の性質に対し
データ数 N によらない統計的検定の評価基準
として，
効果サイズ
が注目をあびるようになりました．

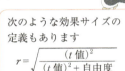

次のような効果サイズの定義もあります
$$r = \sqrt{\frac{(t\text{値})^2}{(t\text{値})^2 + \text{自由度}}}$$

■ 2つの母平均の差の検定の場合の効果サイズ

いろいろな効果サイズの定義が開発されていますが，次の Cohen's d が有名です．

$$d = \frac{\mu_1 - \mu_2}{\sigma}$$

この効果サイズの推定値 $\hat{d}$ は，次のように計算します

$$\hat{d} = \frac{\bar{x}_1 - \bar{x}_2}{s}$$

ただし $\begin{cases} \bar{x}_1, \bar{x}_2 \cdots \text{標本平均}, \\ s_1^2, s_2^2 \cdots \text{標本分散} \\ s^2 = \dfrac{(N_1-1)s_1^2 + (N_2-1)s_2^2}{N_1 + N_2 - 2} \end{cases}$

Cohen's d の評価基準は，次のようになっています．

$$\begin{cases} d = 0.2 \cdots \text{small effect} \\ d = 0.5 \cdots \text{midium effect} \\ d = 0.8 \cdots \text{large effect} \end{cases}$$

§10.4 2つの母平均の差の検定

2つの母平均の差の検定は，統計的検定の中で，最もよく利用されています．

2つの母平均の差の検定

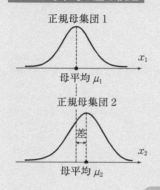

正規母集団1 → ランダムに抽出 → 大きさ N_1 の標本 $\{x_1 \ x_2 \ \cdots \ x_{N_1}\}$
標本平均 $\bar{x}_1$
標本分散 s_1^2 〉を計算する

正規母集団2 → ランダムに抽出 → 大きさ N_2 の標本 $\{x_1 \ x_2 \ \cdots \ x_{N_2}\}$
標本平均 $\bar{x}_2$
標本分散 s_2^2 〉を計算する

仮説と対立仮説をたてる

　　仮説　　H_0：母平均 $\mu_1 =$ 母平均 μ_2　　← 差がない
　　対立仮説 H_1：母平均 $\mu_2 \neq$ 母平均 μ_2　　← 差がある

検定統計量を計算する

$$T = \frac{\bar{x}_1 - \bar{x}_2}{\sqrt{\left(\dfrac{1}{N_1} + \dfrac{1}{N_2}\right) \cdot \dfrac{(N-1) \cdot s_1^2 + (N-1) \cdot s_2^2}{N_1 + N_2 - 2}}}$$

検定統計量が棄却域に入ると
　　　　母平均 $\mu_1 \neq$ 母平均 μ_2
という結論を得ます．

仮説が棄却されないときは"差があるとはいえない"という表現をします

理工系のデータを使って，2つの母平均の差の検定をしましょう！

例 10.1

次のデータは，地点 A と地点 B で測定した CO の濃度です．
2つの地点で，CO の平均濃度に差があるかどうか，調べてみましょう．

表 10.1 2地点における CO の濃度

地点 A		地点 B	
No	CO	No	CO
1	0.65	1	0.54
2	0.74	2	0.62
3	0.76	3	0.51
4	0.85	4	0.73
5	0.78	5	0.68
6	0.81	6	0.76
7	0.83	7	0.58
8	0.52	8	0.72
9	0.75	9	0.64
10	0.63	10	0.59

この検定の計算手順は
P121, P123 にあります．

Excel の分析ツールを利用すると右のような出力結果を得ます

t検定：等分散を仮定した2標本		
	変数 1	変数 2
平均	0.732	0.637
分散	0.0106	0.0071
観測数	10	10
プールされた分散	0.0088	
仮説平均との差異	0	
自由度	18	
t	2.260	
$P(T<=t)$ 片側	0.018	
t 境界値片側	1.734	
$P(T<=t)$ 両側	0.036	
t 境界値両側	2.101	

§10.4 2つの母平均の差の検定

§10.5 2つの母平均の差の検定の公式と例題

■ **公式** 2つの母平均の差の検定（等分散 $\sigma_1^2 = \sigma_2^2$ を仮定する）

① 仮説と対立仮説をたてます．（両側検定）

　　仮説　　H_0：　母平均 μ_1 と母平均 μ_2 は等しい　　（$\mu_1 = \mu_2$）
　　対立仮説 H_1：　母平均 μ_1 と母平均 μ_2 は異なる　　（$\mu_1 \neq \mu_2$）

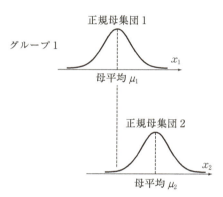

2つのグループの差の検定です

② 検定統計量を計算します

グループ1
表 10.2 データの型と統計量

No.	データ x_1	データ x_1^2
1	x_{11}	x_{11}^2
2	x_{12}	x_{12}^2
⋮	⋮	⋮
N_1	x_{1N_1}	$x_{1N_1}^2$
合計	$\sum_{i=1}^{N_1} x_{1i}$	$\sum_{i=1}^{N_1} x_{1i}^2$

グループ2
表 10.3 データの型と統計量

No.	データ x_2	データ x_2^2
1	x_{21}	x_{21}^2
2	x_{22}	x_{22}^2
⋮	⋮	⋮
N_2	x_{2N_2}	$x_{2N_2}^2$
合計	$\sum_{j=1}^{N_2} x_{2i}$	$\sum_{j=1}^{N_2} x_{2i}^2$

■ **例題** ―2つの母平均の差の検定―

① 例 10.1 のデータから，仮説と対立仮説をたてます

　　　仮説　　　H_0：地点 A と地点 B の CO の濃度は等しい
　　　対立仮説　H_1：地点 A と地点 B の CO の濃度は異なる

② 検定統計量 T を計算します．

表 10.4　地点 A のデータと統計量

No	CO x_1	x_1^2
1	0.65	0.4225
2	0.74	0.5476
3	0.76	0.5776
4	0.85	0.7225
5	0.78	0.6084
6	0.81	0.6561
7	0.83	0.6889
8	0.52	0.2704
9	0.75	0.5625
10	0.63	0.3969
合計	7.32	5.4537

表 10.5　地点 B のデータと統計量

No	CO x_2	x_2^2
1	0.54	0.2916
2	0.62	0.3844
3	0.51	0.2601
4	0.73	0.5329
5	0.68	0.4624
6	0.76	0.5776
7	0.58	0.3364
8	0.72	0.5184
9	0.64	0.4096
10	0.59	0.3481
合計	6.37	4.1215

この検定では
等分散を仮定しています．
等分散を仮定しないときは
Welch の検定
を利用します

この仮説 H_0 が
棄却されないときは
"母平均 μ_1 と母平均 μ_2 は
異なるとはいえない"
という表現をします

§10.5　2つの母平均の差の検定の公式と例題

■ 公式の続き

表 10.2, 表 10.3 の合計を使います

$$\text{標本平均} \quad \bar{x}_1 = \frac{\sum_{i=1}^{N_1} x_{1i}}{N_1}$$

$$\text{標本平均} \quad \bar{x}_2 = \frac{\sum_{j=1}^{N_2} x_{2j}}{N_2}$$

$$\text{標本分散} \quad s_1^2 = \frac{N_1 \cdot \left(\sum_{i=1}^{N_1} x_{1i}^2\right) - \left(\sum_{i=1}^{N_1} x_{1i}\right)^2}{N_1 \cdot (N_1 - 1)}$$

$$\text{標本分散} \quad s_2^2 = \frac{N_2 \cdot \left(\sum_{j=1}^{N_2} x_{2j}^2\right) - \left(\sum_{j=1}^{N_2} x_{2j}\right)^2}{N_2 \cdot (N_2 - 1)}$$

$$\text{共通の分散} \quad s^2 = \frac{(N_1 - 1) \cdot s_1^2 + (N_2 - 1) \cdot s_2^2}{N_1 + N_2 - 2}$$

$$\text{検定統計量} \quad T = \frac{\bar{x}_1 - \bar{x}_2}{\sqrt{\left(\frac{1}{N_1} + \frac{1}{N_2}\right) \cdot s^2}}$$

③ 検定統計量の絶対値 $|T|$ と棄却限界の大小を比較します

$$|T| \geqq t(N_1 + N_2 - 2 \,;\, 0.025)$$

のとき,仮説 H_0 を棄却し,対立仮説 H_1 を採択します.

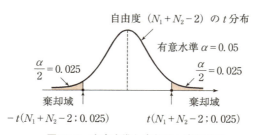

図 10.6 有意水準と棄却域と棄却限界

■ 例題の続き

表 10.4,表 10.5 の合計を使って…

標本平均 　$\bar{x}_1 = \dfrac{\boxed{7.32}}{\boxed{10}} = \boxed{0.732}$

標本平均 　$\bar{x}_2 = \dfrac{\boxed{6.37}}{\boxed{10}} = \boxed{0.637}$

標本分散 　$s_1^2 = \dfrac{\boxed{10} \times \boxed{5.4537} - \boxed{7.32}^2}{\boxed{10} \times (\boxed{10} - 1)} = \boxed{0.0106}$

標本分散 　$s_2^2 = \dfrac{\boxed{10} \times \boxed{4.1215} - \boxed{6.37}^2}{\boxed{10} \times (\boxed{10} - 1)} = \boxed{0.0071}$

共通の分散 　$s^2 = \dfrac{(\boxed{10} - 1) \times \boxed{0.0106} + (\boxed{10} - 1) \times \boxed{0.0071}}{\boxed{10} + \boxed{10} - 2}$

　　　　　　　$= \boxed{0.0088}$

検定統計量 　$T = \dfrac{\boxed{0.732} - \boxed{0.637}}{\sqrt{\left(\dfrac{1}{\boxed{10}} + \dfrac{1}{\boxed{10}}\right) \times \boxed{0.0088}}} = \boxed{2.260}$

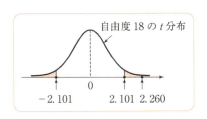

自由度 18 の t 分布

③ 検定統計量 T の絶対値と棄却限界の大小を比較します.

　　　　検定統計量 T の絶対値 $|2.260|$ ＞ 棄却限界 2.101

なので,仮説 H_0 は棄却されます.

演習

演習 10.1

次のデータは，水温 23 度における熱帯魚 A と B の酸素消費量を測定した結果です．

2 つの母平均の差の検定をしてください．

① 仮説と対立仮説

仮説　　H_0 : ☐

対立仮説 H_1 : ☐

② 検定統計量の計算

表 10.6 熱帯魚 A の酸素消費量

No	消費量 x_1	x_1^2
1	8.4	
2	9.1	
3	12.5	
4	9.4	
5	11.3	
6	16.5	
7	10.7	
8	13.9	
9	10.6	
合計		

表 10.7 熱帯魚 B の酸素消費量

No	消費量 x_2	x_2^2
1	9.2	
2	8.7	
3	7.6	
4	12.8	
5	6.9	
6	8.3	
7	9.7	
8	11.6	
合計		

等分散を仮定します

表 10.6，表 10.7 の合計を使って…

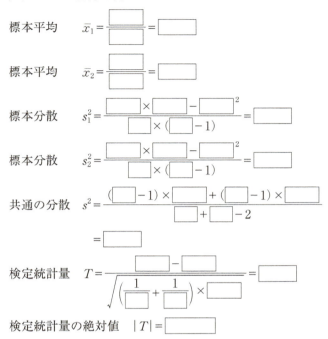

③ 検定統計量の絶対値と棄却限界の比較

$|T| = \boxed{}$ $\boxed{}$ 棄却限界 $t(\boxed{} + \boxed{} - 2\,;0.025) = \boxed{}$

↑
不等号

したがって，仮説 H_0 は棄却 $\boxed{}$．

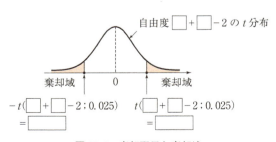

図 10.7 棄却限界と棄却域

演習 10.2

次のデータは，地点 A と地点 B においてベンゼンの濃度を測定した結果です．

(1) 地点 A と地点 B において，ベンゼンの平均濃度は同じかどうか，2 つの母平均の差の検定をしてください．
(2) 効果サイズを求めてください．

表 10.8 地点 A のデータ

No	ベンゼン
1	3.05
2	3.26
3	2.52
4	3.62
5	2.65
6	2.94
7	3.85
8	3.14
9	3.41
10	3.28

表 10.9 地点 B のデータ

No	ベンゼン
1	2.78
2	2.72
3	2.89
4	3.08
5	3.05
6	2.49
7	2.27
8	2.64
9	2.85
10	3.12

等分散を仮定します

Excel の分析ツールを利用すると…

2つのグループ間に対応がある場合，検定統計量は次のようになります

t検定：等分散を仮定した2標本による検定		
	変数1	変数2
平均	3.172	2.789
分散	0.167084	0.073566
観測数	10	10
プールされた分散	0.120325	
仮説平均との差異	0	
自由度	18	
t	2.469	
$P(T<=t)$ 片側	0.012	
t 境界値片側	1.734	
$P(T<=t)$ 両側	0.024	
t 境界値両側	2.101	

第11章 1元配置の分散分析
— 3つ以上あるグループ間の差の検定 —

この章では工学系でよく使われる1元配置の分散分析について学びます．

§11.1 1元配置の分散分析とは？

理工系の統計では，次のような1元配置の分散分析をよく利用します．

表 1元配置の分散分析表

変動要因	平方和	自由度	平均平方	F値	有意確率
グループ間変動	39.345	2	19.673	3.803	0.037
グループ内変動	124.162	24	5.1734		

注）$p^* \leq 0.05$　$p^{**} \leq 0.01$

> 1元配置
> = one-way layout

1元配置とは，次のようなデータの配列のことです．

表11.1　1元配置のデータの型

グループ	データ				
グループ A_1	x_{11}	x_{12}	$\cdots$	x_{1N_1}	←データ数が N_1 個
グループ A_2	x_{21}	x_{22}	$\cdots$	x_{2N_2}	←データ数が N_2 個
$\vdots$	$\vdots$	$\vdots$		$\vdots$	
グループ A_a	x_{a1}	x_{a2}	$\cdots$	x_{aN_a}	←データ数が N_a 個

グループの個数が a

分散分析とは，次のような 分散分析表と呼ばれる表を用いた差の検定 のことです．

分散分析
= ANOVA
= analysis of variance

表 11.2 1 元配置の分散分析表

変動	平方和	自由度	平均平方	F 値
グループ間変動				
グループ内変動				

つまり，**1 元配置の分散分析**とは
"a 個のグループの差の検定"
のことです．

$a \geq 3$

1 元配置の分散分析の仮説は
仮説 H_0：a 個のグループの母平均は互いに等しい
または，
仮説 H_0：母平均 $\mu_1 =$ 母平均 $\mu_2 = \cdots =$ 母平均 μ_a
となります．

検定統計量の F 値が棄却域に入ると，仮説 H_0 は棄却され
"a 個のグループ間に差がある"
ということになります．

棄却されると，どこかに差がある？

§11.1 1 元配置の分散分析とは？

そこで，さらに

"どのグループとどのグループの間に差があるのか？"

を調べるときには

多重比較

という手法を利用します．

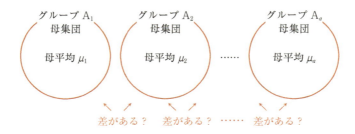

いろいろな多重比較法が開発されていますが，その中の

ボンフェローニの方法

では，2つの母平均の差の検定を応用し，その有意水準を

$$\text{有意水準} = \frac{0.05}{{}_aC_2}$$

と修正します．

多重比較はテューキーの方法も有名

グループの数が，$a=4$ のときには

$$_aC_2 = {}_4C_2 = \frac{4 \times 3}{2 \times 1} = 6$$

となるので，有意水準は

$$\text{有意水準} = \frac{0.05}{6}$$
$$= 0.0083$$

のようになります．

${}_aC_2$ は2つの母平均の差の検定の回数のこと!!

§11.2　1元配置の分散分析

1元配置の分散分析は差の検定なので，分析の流れとしては2つの母平均の差の検定と同じようになります．

> **1元配置の分散分析**
>
> a 個の正規母集団のグループから，それぞれランダムにデータを取り出します．
>
>
>
> 仮説 H_0 をたてます．
>
> 　　仮説 H_0：グループ $A_1, A_2, \cdots, A_a$ の母平均はすべて等しい
>
> 1元配置の分散分析表を作ります
>
> 表　1元配置の分散分析表
>
> | 変動 | 平方和 | 自由度 | 平均平方 | F 値 |
> |---|---|---|---|---|
> | グループ間変動 | | | | |
> | グループ内変動 | | | | |
>
> F 値が検定統計量
>
> 検定統計量 F 値が棄却域に入ると，仮説 H_0 を棄却し，
> 　　"グループ $A_1, A_2, \cdots, A_a$ の母平均の間に差がある"
> という結論を得ます．

■ 検定統計量と有意確率

統計的検定では

　　　　　"検定統計量が棄却域に入ると，仮説 H_0 を棄却する"

という手続きをとりますが，

コンピュータを使った統計処理の場合には

　　　　　"有意確率が有意水準 0.05 より小さいとき，仮説 H_0 を棄却する"

という手続きになります．

　この**有意確率**は，

　　　　　"検定統計量の外側の確率"

のことなので，検定統計量と有意確率の関係は，次の図のようになります．

> 正確には
> 有意水準以下
> のとき，
> 棄却します

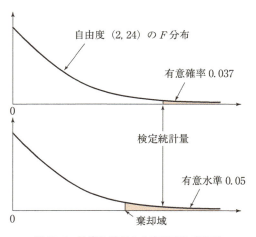

図 11.1　検定統計量と有意確率と棄却域

したがって，

　　　　　有意確率　≦　有意水準 0.05

のとき，検定統計量は棄却域に入っているので，仮説 H_0 を棄却します．

> 有意確率の計算は
> Excel 関数を！

理工系のデータを用いて，1元配置の分散分析を勉強しましょう！

例 11.1

次のデータは，3種類の触媒に対して得られた化学製品の収量です．

表 11.3 3種類の触媒と収量

触媒 A

No	収量
1	9.2
2	8.5
3	11.9
4	7.9
5	8.3
6	14.5
7	9.8
8	12.3
9	9.4

触媒 B

No	収量
1	8.4
2	9.1
3	12.5
4	9.4
5	11.3
6	16.5
7	12.7
8	13.9
9	10.6

触媒 C

No	収量
1	11.5
2	10.7
3	15.8
4	13.7
5	10.4
6	14.7
7	13.6
8	15.3
9	12.7

グループが3個なので $a=3$ となります

分散分析：一元配置

概要

グループ	標本数	合計	平均	分散
列 1	9	91.8	10.2	4.9225
列 2	9	104.4	11.6	6.7175
列 3	9	118.4	13.2	3.8803

分散分析表

変動要因	変動	自由度	分散	観測された分散比	P 値	F 境界値
グループ間	39.3452	2	19.6726	3.803	0.037	3.403
グループ内	124.1622	24	5.1734			
合計	163.5074	26				

Excel の分析ツールによる1元配置の出力結果です

§11.3 1元配置の分散分析の公式と例題

■ **公式**　1元配置の分散分析

① 仮説と対立仮説をたてます．

　　　仮説　　H_0：グループ $A_1, A_2, \cdots, A_a$ の母平均はすべて等しい
　　　対立仮説 H_1：グループ $A_1, A_2, \cdots, A_a$ の母平均の間に差がある

② 1元配置の分散分析表を作ります．

　②-1　次のように，いろいろな統計量を計算します．

表 11.4　データの型といろいろな統計量の計算

因子	データ				グループの合計
グループ A_1	x_{11}	x_{12}	$\cdots$	x_{1N_1}	$\sum_{j=1}^{N_1} x_{1j}$
グループ A_2	x_{21}	x_{22}	$\cdots$	x_{2N_2}	$\sum_{j=1}^{N_2} x_{2j}$
$\vdots$		$\vdots$			$\vdots$
グループ A_a	x_{a1}	x_{a2}	$\cdots$	x_{aN_a}	$\sum_{j=1}^{N_a} x_{aj}$
	合計				$\sum_{i=1}^{a}\sum_{j=1}^{N_i} x_{ij}$

↑ グループの合計を合計します

■ 例題 —1元配置の分散分析—

① 例 11.1 のデータから，仮説と対立仮説をたてます．

　　仮説　　　H_0：3種類の触媒による母平均は等しい

　　対立仮説　H_1：3種類の触媒による母平均に差がある

② 1元配置の分散分析表を作ります．

　②-1　次のいろいろな統計量を計算します．

表 11.5　データといろいろな統計量の計算

因子	データ					グループの合計
触媒 A	9.2　　8.5　　11.9　　7.9　　8.3 14.5　　9.8　　12.3　　9.4					91.8
触媒 B	8.4　　9.1　　12.5　　9.4　　11.3 16.5　　12.7　　13.9　　10.6					104.4
触媒 C	11.5　　10.7　　15.8　　13.7　　10.4 14.7　　13.6　　15.3　　12.7					118.4
					合計	314.6

グループの合計の合計です

3つのグループの等分散
$\sigma_1^2 = \sigma_2^2 = \sigma_3^2$
を仮定しています

■ 1元配置の分散分析の公式の続き 1

②-2 次のように,いろいろな統計量を計算します

表 11.6 いろいろな統計量の計算

因子	データの2乗				データの2乗の合計
グループ A_1	x_{11}^2	x_{12}^2	$\cdots$	$x_{1N_1}^2$	$\sum_{j=1}^{N_1} x_{1j}^2$
グループ A_2	x_{21}^2	x_{22}^2	$\cdots$	$x_{2N_2}^2$	$\sum_{j=1}^{N_2} x_{2j}^2$
$\vdots$			$\vdots$		$\vdots$
グループ A_a	x_{a1}^2	x_{a2}^2	$\cdots$	$x_{aN_a}^2$	$\sum_{j=1}^{N_a} x_{aj}^2$
			合計		$\sum_{i=1}^{a}\sum_{j=1}^{N_i} x_{ij}^2$

データの2乗の合計を合計します

②-3 全変動,グループ間変動,グループ内変動を求めます.

全変動
$$S_T = \sum_{i=1}^{a}\sum_{j=1}^{N_i} x_{ij}^2 - \frac{\left(\sum_{i=1}^{a}\sum_{j=1}^{N_i} x_{ij}\right)^2}{\sum_{i=1}^{a} N_i} = \boxed{\sum_{i=1}^{a}\sum_{j=1}^{N_i}(x_{ij}-\bar{x})^2}$$

グループ間変動
$$S_A = \frac{\left(\sum_{j=1}^{N_1} x_{1j}\right)^2}{N_1} + \frac{\left(\sum_{j=1}^{N_2} x_{2j}\right)^2}{N_2} + \cdots + \frac{\left(\sum_{j=1}^{N_a} x_{aj}\right)^2}{N_a}$$

$$- \frac{\left(\sum_{i=1}^{a}\sum_{j=1}^{N_i} x_{ij}\right)^2}{\sum_{i=1}^{a} N_i} = \boxed{\sum_{i=1}^{a} N_i \cdot (\bar{x}_i - \bar{x})^2}$$

グループ内変動 $S_E = S_T - S_A$

■ 1元配置の分散分析の例題の続き1

②-2 次のいろいろな統計量を計算します．

表 11.7 いろいろな統計量の計算

因子	データの2乗					データの2乗の合計
触媒 A	86.64 210.3	72.25 96.04	142 152	62.41 88.36	68.89	975.74
触媒 B	70.56 272.3	82.81 161.3	156 193	88.36 112.4	127.7	1264.78
触媒 C	132.3 272.3	114.5 185	250 234	187.7 161.3	108.2	1588.66
					合計	3829.18

注意！
2乗の合計
≠ 合計の2乗

②-3 全変動，グループ間変動，グループ内変動を求めます．

全変動
$$S_T = \boxed{3829.18} - \frac{\boxed{314.6}^2}{\boxed{9+9+9}}$$

$$= \boxed{163.5074}$$

グループ間変動
$$S_A = \frac{\boxed{91.8}^2}{\boxed{9}} + \frac{\boxed{104.4}^2}{\boxed{9}} + \frac{\boxed{118.4}^2}{\boxed{9}}$$

$$- \frac{\boxed{314.6}^2}{\boxed{9+9+9}}$$

$$= \boxed{39.3452}$$

グループ内変動
$$S_E = \boxed{163.5074} - \boxed{39.3452}$$

$$= \boxed{124.1622}$$

効果サイズの計算

$$\eta^2 = \frac{S_A}{S_T}$$

■ 1元配置の分散分析の公式の続き2

②-4　1元配置の分散分析表を作成します

表11.8　1元配置の分散分析表

変動要因	平方和	自由度	平均平方	F値
グループ間変動	S_A	$a-1$	$V_A = \dfrac{S_A}{a-1}$	$F_0 = \dfrac{V_A}{V_E}$
グループ内変動	S_E	$\left(\sum_{i=1}^{a} N_i\right) - a$	$V_E = \dfrac{S_E}{\left(\sum_{i=1}^{a} N_i\right) - a}$	
全変動	S_T			

③　検定統計量F値と棄却限界を比較します

$$F\text{値} \geq \text{棄却限界 } F\left(a-1, \left(\sum_{i=1}^{a} N_i\right) - a\,;\,0.05\right)$$

のとき，仮説H_0を棄却し，対立仮説H_1を採択します．

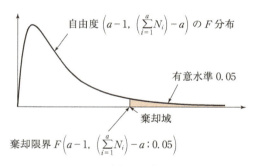

図 11.2　棄却域と棄却限界

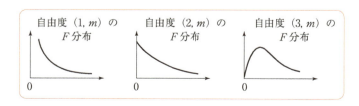

■ 1元配置の分散分析の例題の続き 2

②-4　1元配置の分散分析表を作成します．

表 11.9　1元配置の分散分析表

変動要因	平方和	自由度	平均平方	F 値
グループ間変動	39.3452	2	19.673	3.803
グループ内変動	124.1622	24	5.173	
全変動	163.5074			

③　検定統計量 F 値と棄却限界を比較します．

　　F 値 = $\boxed{3.803}$　≧　棄却限界 $F(\boxed{3-1}, \boxed{27-3} ; 0.05) = \boxed{3.403}$

なので，仮説 H_0 は棄却されます

したがって，

　　"3種類の触媒による母平均に差がある"

ことがわかりました．

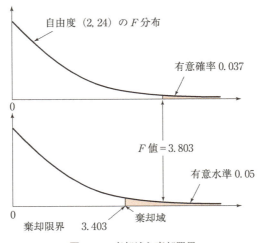

図 11.3　棄却域と棄却限界

演習

演習 11.1

次のデータは，熱帯魚 B の酸素消費量を測定した結果です．

(1) 水温 18°，水温 23°，水温 28° で，酸素消費量に差があるかどうか，1 元配置の分散分析をしてください．

(2) 分散分析の効果サイズについて，インターネットで検索してみましょう．

表 11.10

グループ A
水温 18°

No	酸素消費量
1	6.5
2	4.9
3	10.6
4	5.8
5	6.5
6	10.2
7	8.4
8	7.9

グループ B
水温 23°

No	酸素消費量
1	9.2
2	8.7
3	7.6
4	12.8
5	6.9
6	8.3
7	9.7
8	11.6

グループ C
水温 28°

No	酸素消費量
1	10.6
2	9.4
3	10.5
4	12.7
5	8.6
6	9.4
7	12.7
8	11.5

① 仮説と対立仮説をたてます．

仮説　H_0：

対立仮説　H_1：

② 1元配置の分散分析表を作ります．
②-1 いろいろな統計量を計算します．

表 11.11　データといろいろな統計量の計算

因子	データ				グループの合計
水温 18 度	6.5 6.5	4.9 10.2	10.6 8.4	5.8 7.9	
水温 23 度	9.2 6.9	8.7 8.3	7.6 9.7	12.8 11.6	
水温 28 度	10.6 8.6	9.4 9.4	10.5 12.7	12.7 11.5	
				合計	

②-2 いろいろな統計量を計算します

表 11.12　いろいろな統計量の計算

因子	データの 2 乗	データの 2 乗の合計
水温 18 度		
水温 23 度		
水温 28 度		
	合計	

②-3 全変動，グループ間変動，グループ内変動の計算

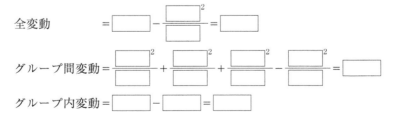

②-4 1元配置の分散分析表を作成

表 11.13 1元配置の分散分析表

変動	平方和	自由度	平均平方	F 値
グループ間変動				
グループ内変動				
全変動				

③ 検定統計量 F 値と棄却限界の比較

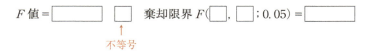
↑
不等号

なので,仮説 H_0 は棄却 ☐.

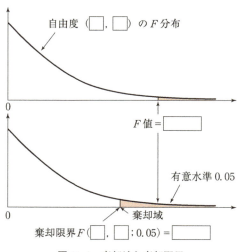

図 11.4 棄却域と棄却限界

分散分析：一元配置
概要

グループ	標本数	合計	平均	分散
列1	8	60.8	7.6	4.2057
列2	8	74.8	9.35	3.9571
列3	8	85.4	10.675	2.3536

分散分析表

変動要因	変動	自由度	分散	観測された分散比	P 値	F 境界値
グループ間	38.063	2	19.0317	5.4291	0.0126	3.467
グループ内	73.615	21	3.5055			
合計	111.6783	23				

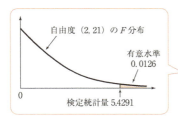

自由度 (2, 21) の F 分布
有意水準 0.0126
検定統計量 5.4291

Excel の分析ツールによる1元配置の出力結果です

第12章 クロス集計表の作成と独立性の検定

この章では理工系でよく使われるクロス集計表,独立性の検定について学びます.

§12.1 クロス集計表とは？

理工系の統計では，次のようなクロス集計表と独立性の検定をよく利用します．

表　微量元素と合格・不合格のクロス集計表

	微量元素 A	微量元素 B	微量元素 C	合計
製品の合格	29	26	18	73
製品の不合格	11	14	22	47

表　独立性の検定

	カイ2乗値	自由度	漸近有意確率
Pearson のカイ2乗	6.785	2	0.034

注）有意水準 0.05

クロス集計表とは，次のような表のことです．

表 12.1　2×3 クロス集計表

		属性 B		
		カテゴリ B_1	カテゴリ B_2	カテゴリ B_3
属性 A	カテゴリ A_1	個	個	個
	カテゴリ A_2	個	個	個

クロス集計表
= cross table

独立性の検定とは

"属性 A と属性 B の間に関連があるかどうか？"
を調べる統計的検定のことです．

独立性の検定の仮説は，次のようになっています．

仮説 H_0：属性 A と属性 B は独立である

この仮説 H_0 が棄却されると

"属性 A と属性の間に関連がある"

といいます．

> 独立性の検定
> = test of independence

> 関連
> = associate

理工系のデータを使って

　　　　クロス集計表　と　独立性の検定

を勉強しましょう！

例 12.1

次のデータは，ある半導体に微量元素 A, B, C を加え，
製品の合格不合格について調査した結果です．

表 12.2　微量元素の添加と合格不合格の製品の個数

微量元素の添加	微量元素 A	微量元素 A	微量元素 B	微量元素 B	微量元素 C	微量元素 C
製品の合格不合格	合格	不合格	合格	不合格	合格	不合格
製品の個数	29	11	26	14	18	22

始めに，クロス集計表を作り，

次に，独立性の検定をして，

　　"微量元素の添加と製品の合格・不合格の間に
　　　関連があるかどうか？"

調べてみましょう．

§12.1　クロス集計表とは？

§12.2 クロス集計表の作り方

例 12.2

次のデータは，ある半導体に微量元素 A, B, C を加え，製品の合格・不合格について調査した結果です．

表 12.3　製品の合格・不合格

No	微量元素の添加	製品の合格不合格	No	微量元素の添加	製品の合格不合格
1	B	不合格	31	B	合格
2	A	不合格	32	A	合格
3	A	不合格	33	B	合格
4	B	合格	34	C	合格
5	B	合格	35	B	不合格
6	B	不合格	36	B	合格
7	A	合格	37	A	不合格
8	A	合格	38	C	合格
9	A	不合格	39	C	不合格
10	C	合格	40	B	合格
11	C	不合格	41	A	合格
12	C	不合格	42	B	不合格
13	B	合格	43	B	合格
14	C	不合格	44	A	合格
15	A	合格	45	A	合格
16	A	不合格	46	A	合格
17	C	不合格	47	B	合格
18	A	合格	48	C	不合格
19	B	不合格	49	C	合格
20	B	合格	50	B	合格
21	A	合格	51	B	合格
22	A	合格	52	B	合格
23	C	合格	53	B	合格
24	A	合格	54	B	不合格
25	A	合格	55	C	不合格
26	A	合格	56	C	不合格
27	C	合格	57	C	不合格
28	B	不合格	58	B	不合格
29	A	合格	59	C	不合格
30	A	合格	60	C	合格

表 12.4 製品の合格・不合格（続き）

No	微量元素の添加	製品の合格不合格	No	微量元素の添加	製品の合格不合格
61	A	不合格	91	A	不合格
62	B	不合格	92	A	合格
63	C	不合格	93	C	合格
64	B	不合格	94	C	合格
65	C	合格	95	C	合格
66	A	合格	96	A	合格
67	B	合格	97	B	合格
68	A	合格	98	C	不合格
69	A	合格	99	A	不合格
70	B	不合格	100	A	合格
71	C	不合格	101	C	合格
72	C	合格	102	C	合格
73	B	不合格	103	C	不合格
74	A	合格	104	B	不合格
75	C	不合格	105	B	合格
76	C	合格	106	A	不合格
77	A	合格	107	C	合格
78	C	合格	108	B	合格
79	C	不合格	109	A	合格
80	B	合格	110	C	不合格
81	A	不合格	111	C	不合格
82	B	合格	112	C	不合格
83	B	合格	113	A	合格
84	B	合格	114	B	合格
85	B	合格	115	B	合格
86	C	不合格	116	B	不合格
87	C	不合格	117	C	不合格
88	A	合格	118	C	合格
89	B	合格	119	A	不合格
90	A	合格	120	A	合格

■ **Excel を使ったクロス集計表のまとめ方**

Excel のピボットテーブルを利用すると，表 12.3 の実験データを，次のようなクロス集計表にまとめることができます．

クロス集計表にまとめる方法には
　　　　　　　　　"ピボットテーブル"
が速くて便利ですが，
　　　　　　"並べ替え"
を利用するという方法もあります．

　　　　Excel ⇒ データ ⇒ 並べ替え

Excel
⇨ 挿入
⇨ ピボット
　テーブル

この"並べ替え"を利用すると，表 12.5 のように
　　　微量元素の添加 ⇒ 製品の合格・不合格
の順で，データを並べ替えることができます．

レベルの追加を利用

表 12.5　データの並べ替え

微量元素の添加	製品の合格不合格		微量元素の添加	製品の合格不合格		微量元素の添加	製品の合格不合格	
元素 A	合格	⎫	元素 B	合格	⎫	元素 C	合格	⎫
元素 A	合格		元素 B	合格		元素 C	合格	
元素 A	合格		元素 B	合格		元素 C	合格	
元素 A	合格		元素 B	合格		元素 C	合格	
元素 A	合格		元素 B	合格		元素 C	合格	
元素 A	合格		元素 B	合格		元素 C	合格	
元素 A	合格		元素 B	合格		元素 C	合格	
元素 A	合格		元素 B	合格		元素 C	合格	
元素 A	合格		元素 B	合格		元素 C	合格	18個
元素 A	合格		元素 B	合格		元素 C	合格	
元素 A	合格		元素 B	合格		元素 C	合格	
元素 A	合格		元素 B	合格		元素 C	合格	
元素 A	合格		元素 B	合格	26個	元素 C	合格	
元素 A	合格	29個	元素 B	合格		元素 C	合格	
元素 A	合格		元素 B	合格		元素 C	合格	
元素 A	合格		元素 B	合格		元素 C	合格	
元素 A	合格		元素 B	合格		元素 C	不合格	⎫
元素 A	合格		元素 B	合格		元素 C	不合格	
元素 A	合格		元素 B	合格		元素 C	不合格	
元素 A	合格		元素 B	合格		元素 C	不合格	
元素 A	合格		元素 B	合格		元素 C	不合格	
元素 A	合格		元素 B	合格		元素 C	不合格	
元素 A	合格		元素 B	合格		元素 C	不合格	
元素 A	合格		元素 B	不合格	⎫	元素 C	不合格	
元素 A	合格		元素 B	不合格		元素 C	不合格	
元素 A	合格	⎭	元素 B	不合格		元素 C	不合格	
元素 A	不合格	⎫	元素 B	不合格		元素 C	不合格	22個
元素 A	不合格		元素 B	不合格		元素 C	不合格	
元素 A	不合格		元素 B	不合格		元素 C	不合格	
元素 A	不合格		元素 B	不合格	14個	元素 C	不合格	
元素 A	不合格		元素 B	不合格		元素 C	不合格	
元素 A	不合格	11個	元素 B	不合格		元素 C	不合格	
元素 A	不合格		元素 B	不合格		元素 C	不合格	
元素 A	不合格		元素 B	不合格		元素 C	不合格	
元素 A	不合格		元素 B	不合格		元素 C	不合格	
元素 A	不合格		元素 B	不合格		元素 C	不合格	
元素 A	不合格	⎭	元素 B	不合格	⎭	元素 C	不合格	⎭

§12.2　クロス集計表の作り方

§12.3 独立性の検定の公式と例題

■ **公式**　独立性の検定（2×3クロス集計表の場合）

① 仮説と対立仮説をたてます．

　　　仮説　　H_0：属性Aと属性Bは互いに独立である

　　　対立仮説 H_1：属性Aと属性Bの間には関連がある

② 検定統計量 T を計算します

表 12.6　2×3クロス集計表

A＼B	B_1	B_2	B_3	合計
A_1	f_{11}	f_{12}	f_{13}	f_{1B}
A_2	f_{21}	f_{22}	f_{23}	f_{2B}
合計	f_{A1}	f_{A2}	f_{A3}	N

分割表
＝contingency table

表 12.7　いろいろな統計量の計算

A＼B	B_1	B_2	B_3
A_1	$N\cdot f_{11}-f_{A1}\cdot f_{1B}$	$N\cdot f_{12}-f_{A2}\cdot f_{1B}$	$N\cdot f_{13}-f_{A3}\cdot f_{1B}$
A_2	$N\cdot f_{21}-f_{A1}\cdot f_{2B}$	$N\cdot f_{22}-f_{A2}\cdot f_{2B}$	$N\cdot f_{23}-f_{A3}\cdot f_{2B}$

検定統計量

$$T=\frac{(N\cdot f_{11}-f_{A1}\cdot f_{1B})^2}{N\cdot f_{A1}\cdot f_{1B}}+\frac{(N\cdot f_{12}-f_{A2}\cdot f_{1B})^2}{N\cdot f_{A2}\cdot f_{1B}}+\frac{(N\cdot f_{13}-f_{A3}\cdot f_{1B})^2}{N\cdot f_{A3}\cdot f_{1B}}$$
$$+\frac{(N\cdot f_{21}-f_{A1}\cdot f_{2B})^2}{N\cdot f_{A1}\cdot f_{2B}}+\frac{(N\cdot f_{22}-f_{A2}\cdot f_{2B})^2}{N\cdot f_{A2}\cdot f_{2B}}+\frac{(N\cdot f_{23}-f_{A3}\cdot f_{2B})^2}{N\cdot f_{A3}\cdot f_{2B}}$$

③ 検定統計量と棄却限界を比較します．

　　検定統計量 T ≧ 棄却限界 $\chi^2(2;0.05)$

のとき，仮説 H_0 を棄却し，対立仮説 H_1 を採択します．

自由度の計算は
$(m-1)\times(n-1)$
$=(2-1)\times(3-1)$
$=2$

■ **例題** ―独立性の検定（2×3クロス集計表の場合）―

① 例 12.1 のデータから，仮説と対立仮説をたてます．

　　仮説　　H_0：微量元素の添加と製品の合格・不合格は独立である
　　対立仮説 H_1：微量元素の添加と製品の合格・不合格は関連がある

② 検定統計量 T を計算します．

表 12.8　クロス集計表

	微量元素 A	微量元素 B	微量元素 C	合計
合格	29	26	18	73
不合格	11	14	22	47
合計	40	40	40	120

表 12.9　いろいろな統計量の計算

	微量元素 A	微量元素 B	微量元素 C
合格	$120 \times 29 - 40 \times 73$ $= 560$	$120 \times 26 - 40 \times 73$ $= 200$	$120 \times 18 - 40 \times 73$ $= -760$
不合格	$120 \times 11 - 40 \times 47$ $= -560$	$120 \times 14 - 40 \times 47$ $= -200$	$120 \times 22 - 40 \times 47$ $= 760$

$$T = \frac{\boxed{560}^2}{\boxed{120} \times \boxed{40} \times \boxed{73}} + \frac{\boxed{200}^2}{\boxed{120} \times \boxed{40} \times \boxed{73}} + \frac{\boxed{-760}^2}{\boxed{120} \times \boxed{40} \times \boxed{73}}$$
$$+ \frac{\boxed{-560}^2}{\boxed{120} \times \boxed{40} \times \boxed{47}} + \frac{\boxed{-200}^2}{\boxed{120} \times \boxed{40} \times \boxed{47}} + \frac{\boxed{760}^2}{\boxed{120} \times \boxed{40} \times \boxed{47}}$$
$$= \boxed{6.785}$$

③ 検定統計量 T と棄却限界の大小を比較します

　　検定統計量 $T = \boxed{6.785}$ 　$\geqq$ 　棄却限界 $\chi^2(2;0.05) = \boxed{5.991}$

なので，仮説 H_0 は棄却されます．

したがって，微量元素の添加と製品の合格・不合格の間には関連があることがわかりました．

§12.4 独立？ オッズ比？ 2つの比率の差！

ここでは，2×2クロス集計表について，次の3つの概念

　　　　　独立　　オッズ比　　2つの比率の差

について考えてみましょう．

■ 独立とは？

次のような2×2クロス集計表に対して

表 12.10　2×2クロス集計表と独立

	Bが起こる	Bが起こらない
Aが起こる	a	b
Aが起こらない	c	d

これは4項分布になります

確率 $Pr(\mathrm{A})$, $Pr(\mathrm{B})$, $Pr(\mathrm{A} \cap \mathrm{B})$ を次のように定義します．

$$Pr(\mathrm{A}) = \frac{a+b}{a+b+c+d} \quad \cdots \quad \text{Aが起こる確率}$$

$$Pr(\mathrm{B}) = \frac{a+c}{a+b+c+d} \quad \cdots \quad \text{Bが起こる確率}$$

$$Pr(\mathrm{A} \cap \mathrm{B}) = \frac{a}{a+b+c+d} \quad \cdots \quad \text{AとBが同時に起こる確率}$$

このとき，AとBが**独立**とは

$$Pr(\mathrm{A}) \cdot Pr(\mathrm{B}) = Pr(\mathrm{A} \cap \mathrm{B})$$

が成り立つことです．

つまり，AとBが独立のとき

$$\frac{a+b}{a+b+c+d} \times \frac{a+c}{a+b+c+d} = \frac{a}{a+b+c+d} \quad \Rightarrow \quad \frac{a \times d}{b \times c} = 1$$

となります．

■ オッズ比とは？

オッズとは

$$\text{出来事 A が起こる確率}=p$$
$$\text{出来事 A が起こらない確率}=1-p$$

としたときの比

$$\text{オッズ}=\frac{p}{1-p}$$

のことです．

> オッズ
> = odds

> オッズ比
> = odds ratio

オッズ比とは，2 つのオッズの比のことなので，…

出来事 A と出来事 B のオッズ比は，次の表のようになります．

表 12.11　オッズとオッズ比

	起こる確率	起こらない確率	オッズ	オッズ比
出来事 A	p	$1-p$	$\dfrac{p}{1-p}$	$\dfrac{\frac{p}{1-p}}{\frac{q}{1-q}}$
出来事 B	q	$1-q$	$\dfrac{q}{1-q}$	

2×2 クロス集計表の場合，次の表のようになります．

表 12.12　2×2 クロス集計表とオッズ比

		属性 B		オッズ比
		カテゴリ B_1	カテゴリ B_2	
属性 A	カテゴリ A_1	a	b	$\dfrac{a\times d}{b\times c}$
	カテゴリ A_2	c	d	

§12.4　独立？オッズ比？2 つの比率の差！

■ 2つの比率の差

2つの2項分布が,次のようになっているとします.

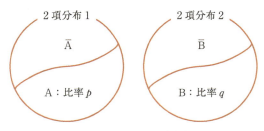

図 12.1 2つの2項分布

このとき,

$$
\begin{aligned}
\text{比率}\,p\,\text{と比率}\,q\,\text{が等しい} \quad &\Leftrightarrow\quad p = q \\
&\Leftrightarrow\quad p - pq = q - qp \\
&\Leftrightarrow\quad p(1-q) = q(1-p) \\
&\Leftrightarrow\quad \frac{p}{1-p} = \frac{q}{1-q} \\
&\Leftrightarrow\quad \frac{\dfrac{p}{1-p}}{\dfrac{q}{1-q}} = 1
\end{aligned}
$$

となります.

以上のことから,次の3つの統計的検定

仮説 H_0:2つの属性は独立である
仮説 H_0:オッズ比は1である
仮説 H_0:2つの比率は等しい

は,同じ内容の検定であることがわかります.

§12.5 独立性の検定の公式 —$m \times n$ クロス集計表の場合—

$m \times n$ クロス集計表の場合，独立性の検定の検定統計量と棄却域は次のようになります．

■ 検定統計量

表 12.13 $m \times n$ クロス集計表

A \ B	B_1	B_2	⋯	B_n	合計
A_1	f_{11}	f_{12}	⋯	f_{1n}	f_{1B}
A_2	f_{21}	f_{22}	⋯	f_{2n}	f_{2B}
⋮	⋮	⋮	⋮	⋮	⋮
A_m	f_{m1}	f_{m2}	⋯	f_{mn}	f_{mB}
合計	f_{A1}	f_{A2}	⋯	f_{An}	N

検定統計量 $\displaystyle T = \sum_{i=1}^{m} \sum_{j=1}^{n} \frac{(N \cdot f_{ij} - f_{Aj} \cdot f_{iB})^2}{N \cdot f_{Aj} \cdot f_{iB}}$

■ 棄却域

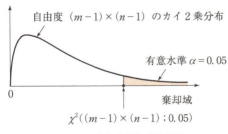
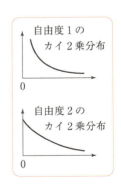

図 12.2 有意水準と棄却限界

演習

演習 12.1

次のデータは，土壌汚染についての調査結果です．

オッズ比は？

表 12.14 クロス集計表

	基準値を超えた地点の数	基準値を超えなかった地点の数	合計
デントン市	29	21	50
ミッドサマー市	16	34	50
合計			

① 仮説と対立仮説

仮説　　H_0 : ☐

対立仮説 H_1 : ☐

② 検定統計量の計算

表 12.15 いろいろな統計量の計算

	基準値を超えた地点の数	基準値を超えなかった地点の数
デントン市	☐×☐－☐×☐ =☐	☐×☐－☐×☐ =☐
ミッドサマー市	☐×☐－☐×☐ =☐	☐×☐－☐×☐ =☐

検定統計量

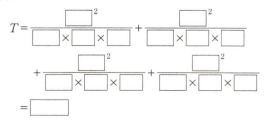

③ 検定統計量と棄却限界の比較

$T = \boxed{}$ $\boxed{}$ 棄却限界 $\chi^2(\boxed{};0.05) = \boxed{}$
↑
不等号

したがって，仮説 H_0 は棄却 $\boxed{}$ ．

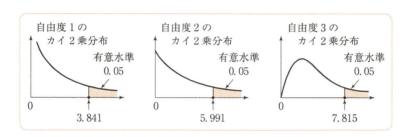

演習 12.2

鳥類学者 D. Allen 氏が研究したところによると，ある種の鳥が食べた赤い実と黄色い実の調査結果は，次のようになりました．

表 12.16 いろいろな統計量の計算

	食べた	食べなかった	合計
赤い実	2	3	5
黄色い実	8	2	10

（D. Allen 氏の未発表データ）

鳥の好みと実の色の間に関連があるかどうか，独立性の検定をしましょう．

第13章 適合度検定の計算手順

この章では理工系でよく使われる適合度検定について学びます．

§13.1 適合度検定とは？

理工系の統計では，次のような適合度検定をよく利用しています．

表 適合度検定の検定統計量と有意確率

	カイ2乗	自由度	漸近有意確率
モルモット	1.776	3	.620

注）有意水準 0.05

適合度検定
= test of goodness of fit

適合度検定とは，

　　　母集団が n 個のカテゴリ $A_1, A_2, \cdots, A_n$ に分類されているとき

　　　"各カテゴリの比率が $p_1, p_2, \cdots, p_n$ かどうか？"

を検証するための統計的手法です．

N 個の標本を取り出したとき，それぞれのカテゴリに属するデータ数 $f_1, f_2, \cdots, f_n$ のことを

　　　　　　観測度数

といいます．

観測度数
= observed frequency

データ数 N にカテゴリの比率 $p_1, p_2, \cdots, p_n$ をかけ算した値を

　　　　　　期待度数

といいます．

期待度数
= expected frequency

■ 適合度検定の例

例 13.1

1. 日本人の血液型の比は

    A 型 : B 型 : O 型 : AB 型 = 4 : 2 : 3 : 1

    といわれています．
    このことを適合度検定を使って
    検証することができます．

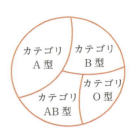

2. 外国人観光客が日本で遭遇する犯罪の回数は
    ポアソン分布にあてはまるといわれています．
    このことを適合度検定を使って，
    検証することができます．

理工系のデータを使って，適合度検定を勉強しましょう！

例 13.2

次のデータは，モルモットによる交雑実験の結果です．

表 13.1 モルモットの 4 つのタイプの個体数

タイプ	A 型	B 型	C 型	D 型	合計
個体数	31	14	9	5	59

メンデルの遺伝子の独立の法則によると，

A 型 : B 型 : C 型 : D 型 = 9 : 3 : 3 : 1

に分かれるといわれています．
　モルモットの 4 つのタイプの個体数の比が
メンデルの法則に適合しているかどうか，
検証してみましょう．

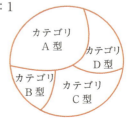

§13.1 適合度検定とは？

§13.2 適合度検定の公式と例題

■ 公式　―適合度検定―

① 仮説と対立仮説をたてます．

　　　仮説　　H_0：n 個のカテゴリの比率は $p_1, p_2, \cdots, p_n$ である
　　　対立仮説 H_1：n 個のカテゴリの比率は $p_1, p_2, \cdots, p_n$ ではない

② 検定統計量 T を計算します．　　　　　　　　　　$p_1 + p_2 + \cdots + p_n = 1$

　②-1　次の表を用意します．

表 13.2 観測度数と期待度数

カテゴリ	A_1	A_2	……	A_n	合計
観測度数	f_1	f_2	……	f_n	N
期待度数	$N \times p_1$	$N \times p_2$	……	$N \times p_n$	N

　②-2　検定統計量 T を計算します．

$$T = \frac{(f_1 - N \times p_1)^2}{N \times p_1} + \frac{(f_2 - N \times p_2)^2}{N \times p_2} + \cdots + \frac{(f_n - N \times p_n)^2}{N \times p_n}$$

③ 検定統計量 T と棄却限界を比較し

　　　　検定統計量 $T \geq$ 棄却限界 $\chi^2(n-1; 0.05)$

のとき，仮説を棄却します．

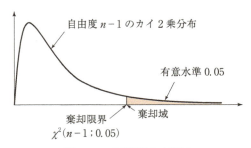

図 13.2 棄却限界と棄却域

■ **例題** ―適合度検定―

① 仮説と対立仮説をたてます．

　　　　仮説　　　H_0：モルモットの4つのタイプの比は
　　　　　　　　　$9:3:3:1$ である
　　　　対立仮説 H_1：モルモットの4つのタイプの比は
　　　　　　　　　$9:3:3:1$ ではない

② 検定統計量 T を計算します．

　②-1　次の表を用意します

表 13.3　観測度数と期待度数

カテゴリ	A型	B型	C型	D型	合計
観測度数	31	14	9	5	59
期待度数	33.1875	11.0625	11.0625	3.6875	59

　　　　　　↑　　　　↑　　　　↑　　　　↑
　　　$59 \times \frac{9}{16}$　$59 \times \frac{3}{16}$　$59 \times \frac{3}{16}$　$59 \times \frac{1}{16}$

　②-2　検定統計量 T を計算します

$$T = \frac{(\boxed{31} - \boxed{33.1875})^2}{\boxed{33.1875}} + \frac{(\boxed{14} - \boxed{11.0625})^2}{\boxed{11.0625}}$$

$$+ \frac{(\boxed{9} - \boxed{11.0625})^2}{\boxed{11.0625}} + \frac{(\boxed{5} - \boxed{3.6875})^2}{\boxed{3.6875}}$$

$$= \boxed{1.776}$$

③ 検定統計量 T と棄却限界 $\chi^2(4-1 ; 0.05)$ を比較します．

　　　検定統計量 $T = 1.776$　＜　棄却限界 $\chi^2(3 ; 0.05) = 7.815$

なので，仮説 H_0 は棄却されません．

したがって，

　　　"モルモットの4つのタイプの比は
　　　　$9:3:3:1$ でないとはいえない"

ということがわかりました．

§13.2　適合度検定の手順

演習

演習 13.1

類人猿学者 F. Lambert 氏が，南米に生息しているある種のサルの調査をしたところ，

　　　ミザル型が 43 匹，イワザル型が 25 匹，キカザル型が 19 匹

でした．この表現型の比率は，3 : 2 : 1 と期待しています．適合度検定をしましょう．

表 13.4

	ミザル型	イワザル型	キカザル型	合計
個体数	43	25	19	87

（F, Lambert 氏の未発表データ）

① 仮説と対立仮説

　　　仮説　　H_0：□

　　　対立仮説 H_1：□

② 検定統計量の計算

②-1　　　　表 13.5　観測度数と期待度数

カテゴリ	ミザル型	イワザル型	キカザル型	合計
観測度数	43	25	19	87
期待度数	□×□/□ = □	□×□/□ = □	□×□/□ = □	

②-2　検定統計量

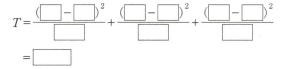

$$T = \frac{(\Box - \Box)^2}{\Box} + \frac{(\Box - \Box)^2}{\Box} + \frac{(\Box - \Box)^2}{\Box}$$

$$= \Box$$

③ 検定統計量と棄却限界の比較

$T = \boxed{}$ $\boxed{}$ 棄却限界 $\chi^2(\boxed{} - 1; 0.05) = \boxed{}$

↑
不等号

したがって，仮説 H_0 は棄却 $\boxed{}$．

演習 13.2

遺伝学者 S. Richert 氏が交雑実験をおこなったところ，次のような結果となりました．この表現型の比率は，3:1 と期待しています．適合度検定をしてください．

表 13.6　データ数 59

	A 型	B 型	合計
個体数	42	17	59

（S. Richert 氏の未発表データ）

表 13.7　データ数 295

	A 型	B 型	合計
個体数	210	85	295

表 13.8　データ数 590

	A 型	B 型	合計
個体数	420	170	590

データ数が 5 倍になると，検定統計量も 5 倍になります

データ数が 10 倍になると，検定統計量も 10 倍になります

第14章 管理図の作成

この章では理工系でよく使われる $\bar{X}$-R 管理図ついて学びます．

§14.1 管理図とは？

理工系の統計では，次のような管理図をよく利用します．

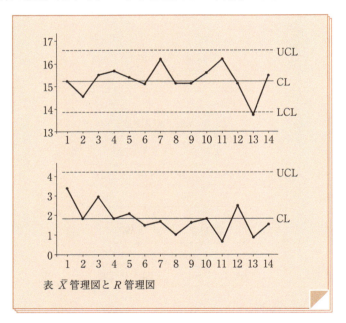

表 $\bar{X}$ 管理図と R 管理図

管理図とは，

"製造工程が安定した状態にあるかどうか？"

を調べるための統計手法です．

管理図
= control charts

管理図は，3本の直線

　　　　　　　上方管理限界　　　中心線　　下方管理限界

と，標本平均や標本比率などの

　　　　　　　　　折れ線グラフ

からなるグラフ表現です．

> 中心線 = CL
> 　　　 = central line
> 下方管理限界 = LCL
> 　　　 = lower control limit
> 上方管理限界 = UCL
> 　　　 = upper control limit

　この管理図の考案者 W. A. Shewhart の名をとって

　　　　　　　シューハート管理図

ともいいます．

■ 管理図の種類

　日本工業規格 JIS によると，管理図の種類は次のようになっています．

(1)　データが測定値の場合　…　計量値

- $\bar{X}$-R 管理図
- メディアン管理図
- X 管理図

> 計量値
> $\bar{X}$ … 群の平均値
> R … 群の範囲

(2)　データが個数の場合　…　計数値

- p　管理図
- np　管理図
- c　管理図
- u　管理図

> 計数値
> p … 不適合品率
> np … 不適合品数
> c … 各群の不適合数
> u … 群の単位当たりの不適合数

(3)　日本工業規格 JIS では，さらに

- 標準値が与えられている場合の管理図　…　管理用管理図
- 標準値が与えられていない場合の管理図　…　解析用管理図

に分類されています．

> 標準値とは
> 　要求値
> 　目標値
> のことです

§14.1　管理図とは？

§14.2 管理図のしくみ

■ 3シグマ $\bar{X}$ 管理図の基礎知識

シグマ … σ

次の定理があります

> **正規分布に関する定理**
>
> 確率変数 $X_1, X_2, \cdots, X_n$ が互いに独立に正規分布 $N(\mu, \sigma^2)$ に従うとき
>
> $$統計量 \quad \bar{X} = \frac{X_1 + X_2 + \cdots + X_n}{n}$$
>
> の分布は，正規分布 $N\left(\mu, \dfrac{\sigma^2}{n}\right)$ になる．

この定理は，次のように翻訳することができます．

> **定理の翻訳**
>
> N 個のデータ $\{x_1, x_2, \cdots, x_N\}$ が正規母集団 $N(\mu, \sigma^2)$ からランダムに取り出されたとき
>
> $$標本平均 \quad \bar{x} = \frac{x_1 + x_2 + \cdots + x_N}{N}$$
>
> の分布は，正規分布 $N\left(\mu, \dfrac{\sigma^2}{N}\right)$ になる．

したがって，標本平均 $\bar{x}$ の標準偏差は……

$$標本平均\ \bar{x}\ の標準偏差 = \frac{\sigma}{\sqrt{N}}$$

となります．

正規分布に従う母集団

そこで，この標本平均 $\bar{x}$ の標準偏差を利用して，……

次の3段階

$$1 \times \frac{\sigma}{\sqrt{N}} \qquad 2 \times \frac{\sigma}{\sqrt{N}} \qquad 3 \times \frac{\sigma}{\sqrt{N}}$$

に分けてみると，それぞれの区間の確率は，次のようになります．

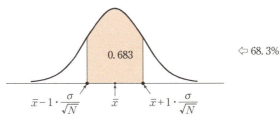

図 14.1　1・シグマ

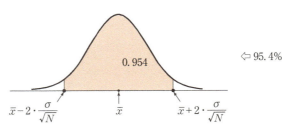

図 14.2　2・シグマ

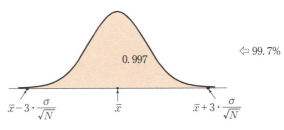

図 14.3　3・シグマ

以上のことから，次のような

3 シグマ $\bar{X}$ 管理図

を作ることができます．

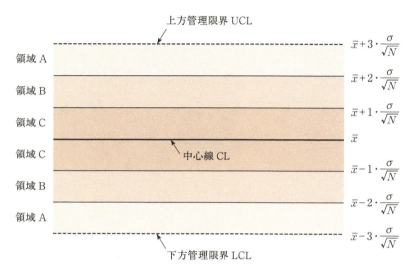

図 14.4　理論的 3 シグマ $\bar{X}$ 管理図

この確率 99.7%
の計算は，
右の Excel 関数
を利用します

$(0.99865 - 0.5) \times 2$
$= 0.997$

■ 標本比率に関する管理限界線

次の定理があります．

> **2項分布に関する定理**
>
> 確率変数 X が $0, 1, 2, \cdots, n$ の値をとるとき，次の確率
>
> $$P(X=x) = \binom{n}{x} \cdot p^x \cdot (1-p)^{n-x}$$
>
> で与えられる確率分布を 2 項分布 $B(n, p)$ という．
> このとき，
>
> 平均　$E(X) = n \cdot p$
>
> 分散　$\mathrm{Var}(X) = n \cdot p \cdot (1-p)$
>
> となる．

このことから，標本比率に関する理論的管理限界は，次のようになります．

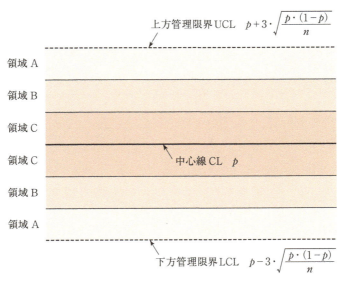

図 14.5　標本比率の管理図

■ 異常判定ルール

日本規格 JIS の提案する異常判定ルールは，次のようになっています．

その 1. 1 点が中心線から $3 \cdot \sigma$ を超えている

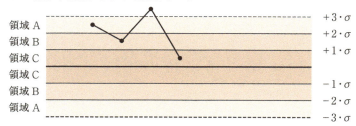

その 2. 連続する 9 点が中心線に対して同じ側にある

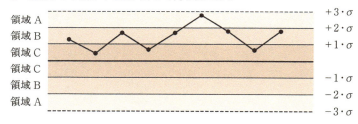

その 3. 連続する 6 点が増加，または減少している

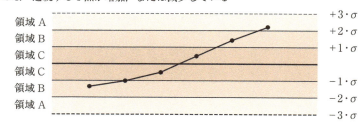

その 4. 連続する 14 点が交互に増減している

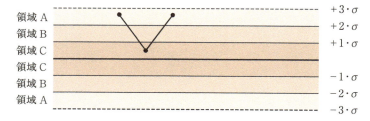

その5. 連続する3点のうち2点が中心線から$2\cdot\sigma$を超えている

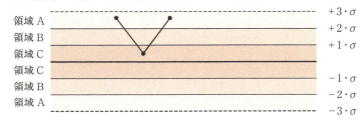

その6. 連続する5点のうち4点が中心線から$1\cdot\sigma$を超えている

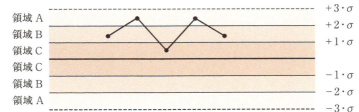

その7. 連続する15点が中心線から$1\cdot\sigma$内に存在する

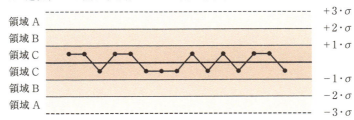

その8. 連続する8点が中心線から$1\cdot\sigma$を超えている

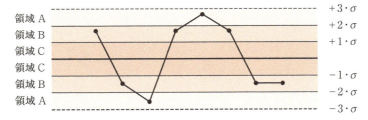

§14.2 管理図のしくみ

■ 管理限界のための係数

いろいろな管理限界

$$上方管理限界 \quad \bar{\bar{X}} + A_2 \cdot \bar{R}$$
$$下方管理限界 \quad \bar{\bar{X}} - A_2 \cdot \bar{R}$$
$$上方管理限界 \quad D_4 \cdot \bar{R}$$
$$下方管理限界 \quad D_3 \cdot \bar{R}$$

を計算するために,
次の値が必要となります.

表14.1 管理限界のためのいろいろな係数

n	A_2	A_3	B_3	B_4	D_3	D_4
2	1.880	2.659	0.000	3.267	0.000	3.267
3	1.023	1.954	0.000	2.568	0.000	2.575
4	0.729	1.628	0.000	2.266	0.000	2.282
5	0.577	1.427	0.000	2.089	0.000	2.114
6	0.483	1.287	0.030	1.970	0.000	2.004
7	0.419	1.182	0.118	1.882	0.076	1.924
8	0.373	1.099	0.185	1.815	0.136	1.864
9	0.337	1.032	0.239	1.761	0.184	1.816
10	0.308	0.975	0.284	1.716	0.223	1.777

この表はP174, P176で利用します

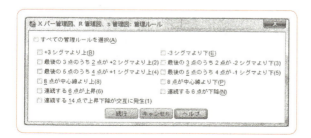

SPSSによる管理ルールは, 次のようになっています

理工系のデータを使って，$\bar{X}$-R 管理図を作図してみましょう！

例 14.1

次のデータは，ある製造工程における 2 週間の測定記録です．

表 14.2 4 個のサンプル

日付	サンプル 1	サンプル 2	サンプル 3	サンプル 4
1 日目	17.5	15.1	14.1	14.2
2 日目	15.1	15.2	13.3	14.5
3 日目	14.3	15.0	15.3	17.3
4 日目	15.0	16.9	15.4	15.3
5 日目	14.3	15.2	16.4	15.6
6 日目	14.2	14.9	15.4	15.7
7 日目	16.2	16.8	15.1	16.5
8 日目	15.4	15.4	14.4	15.0
9 日目	14.2	15.9	14.3	15.8
10 日目	14.9	14.9	15.7	16.7
11 日目	16.3	15.7	16.4	16.2
12 日目	15.4	15.1	13.5	16.2
13 日目	14.3	13.5	13.3	13.6
14 日目	14.5	15.2	15.8	16.1

解析用管理図です

標本平均 $\bar{x}_1 = \dfrac{17.5 + 15.1 + 14.1 + 14.2}{4} = 15.23$

標本範囲 $R_1 = 17.5 - 14.1 = 3.4$

§14.2 管理図のしくみ

§14.3 標本平均に関する $\bar{X}$ 管理図 ― 標準値が与えられていない場合 ―

製造工程の 標準値が与えられていない 場合

　　　　上方管理限界　　中心線　　下方管理限界

は，次のようになります．

- 上方管理限界　…　$\bar{\bar{X}} + A_2 \cdot \bar{R}$
- 中心線　　　　…　$\bar{\bar{X}}$
- 下方管理限界　…　$\bar{\bar{X}} - A_2 \cdot \bar{R}$

ただし，

$$\bar{\bar{X}} = \frac{\sum_{i=1}^{k} \bar{x}_i}{k} \qquad \bar{R} = \frac{\sum_{i=1}^{k} R_i}{k}$$

平均に関する管理図です！

例 14.2

表 14.2 のデータから，次の表を用意します．

表 14.3　4 個のサンプルと統計量

	サンプル1	サンプル2	サンプル3	サンプル4	標本平均	標本範囲	
1日目	17.5	15.1	14.1	14.2	15.23	3.4	← $\bar{x}_1$ と R_1
2日目	15.1	15.2	13.3	14.5	14.53	1.9	← $\bar{x}_2$ と R_2
3日目	14.3	15.0	15.3	17.3	15.48	3.0	
4日目	15.0	16.9	15.4	15.3	15.65	1.9	
5日目	14.3	15.2	16.4	15.6	15.38	2.1	
6日目	14.2	14.9	15.4	15.7	15.05	1.5	
7日目	16.2	16.8	15.1	16.5	16.15	1.7	
8日目	15.4	15.4	14.4	15.0	15.05	1.0	
9日目	14.2	15.9	14.3	15.8	15.05	1.7	
10日目	14.9	14.9	15.7	16.7	15.55	1.8	
11日目	16.3	15.7	16.4	16.2	16.15	0.7	
12日目	15.4	15.1	13.5	16.2	15.05	2.7	
13日目	14.3	13.5	13.3	13.6	13.68	1.0	
14日目	14.5	15.2	15.8	16.1	15.40	1.6	← $\bar{x}_{14}$ と R_{14}
				平均値	15.24	1.857	← $\bar{R}$

$\bar{\bar{X}}$ ↗

標本平均に関する $\bar{X}$ 管理図は

- 上方管理限界 $= 15.24 + 0.729 \times 1.857 = 16.59$
- 中心線　　　 $= 15.24$
- 下方管理限界 $= 15.24 - 0.729 \times 1.857 = 13.89$

となります．

表 14.4　標本平均，中心線，下方管理限界，上方管理限界

	標本平均	中心線	下方管理限界	上方管理限界
1 日目	15.23	15.24	13.89	16.59
2 日目	14.53	15.24	13.89	16.59
3 日目	15.48	15.24	13.89	16.59
4 日目	15.65	15.24	13.89	16.59
⋮	⋮	⋮	⋮	⋮
11 日目	16.15	15.24	13.89	16.59
12 日目	15.05	15.24	13.89	16.59
13 日目	13.68	15.24	13.89	16.59
14 日目	15.40	15.24	13.89	16.59

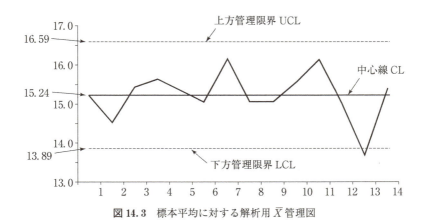

図 14.3　標本平均に対する解析用 $\bar{X}$ 管理図

始めに，R 管理図を作成し標本範囲が管理状態に入っていることを確認しておきましょう！

§14.3　標本平均に関する $\bar{X}$ 管理図 ―標準値が与えられていない場合―

§14.4 標本範囲に関する R 管理図 ―標準値が与えられていない場合―

製造工程の標準値が与えられていない場合

　　　　　上方管理限界　　中心線　　下方管理限界

は，次のようになります．

- 上方管理限界　…　$D_4 \cdot \bar{R}$
- 中心線　　　　…　$\bar{R}$
- 下方管理限界　…　$D_3 \cdot \bar{R}$

ただし，

$$\bar{R} = \frac{\sum_{i=1}^{k} R_i}{k}$$

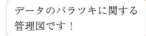
データのバラツキに関する管理図です！

例 14.2

表 14.2 のデータから，次の表を用意します．

表 14.5　4 個のサンプルと統計量

	サンプル1	サンプル2	サンプル3	サンプル4	標本平均	標本範囲	
1日目	17.5	15.1	14.1	14.2	15.23	3.4	← R_1
2日目	15.1	15.2	13.3	14.5	14.53	1.9	← R_2
3日目	14.3	15.0	15.3	17.3	15.48	3.0	
4日目	15.0	16.9	15.4	15.3	15.65	1.9	
5日目	14.3	15.2	16.4	15.6	15.38	2.1	
6日目	14.2	14.9	15.4	15.7	15.05	1.5	
7日目	16.2	16.8	15.1	16.5	16.15	1.7	
8日目	15.4	15.4	14.4	15.0	15.05	1.0	
9日目	14.2	15.9	14.3	15.8	15.05	1.7	
10日目	14.9	14.9	15.7	16.7	15.55	1.8	
11日目	16.3	15.7	16.4	16.2	16.15	0.7	
12日目	15.4	15.1	13.5	16.2	15.05	2.7	
13日目	14.3	13.5	13.3	13.6	13.68	1.0	
14日目	14.5	15.2	15.8	16.1	15.40	1.6	← R_{14}
				平均値	15.24	1.857	← $\bar{R}$

標本範囲に関する R 管理図は

- 上方管理限界　　$2.282 \times 1.857 = 4.24$
- 中心線　　　　　1.857
- 下方管理限界　　$0.000 \times 1.857 = 0.00$

となります．

表 14.6　標本範囲と中心線と上方管理限界

	標本平均	中心線	下方管理限界	上方管理限界
1 日目	3.4	1.857	—	4.24
2 日目	1.9	1.857	—	4.24
3 日目	3.0	1.857	—	4.24
4 日目	1.9	1.857	—	4.24
⋮	⋮	⋮	⋮	⋮
11 日目	0.7	1.857	—	4.24
12 日目	2.7	1.857	—	4.24
13 日目	1.0	1.857	—	4.24
14 日目	1.6	1.857	—	4.24

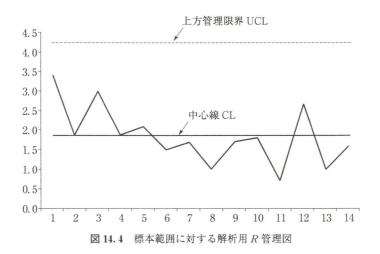

図 14.4　標本範囲に対する解析用 R 管理図

§14.5 標本平均と標本範囲に関する $\overline{X}$-R 管理図の公式と例題

■ **公式**　標本平均と標本範囲に関する $\overline{X}$-R 管理図

① 次のような表を用意します．

日付	サンプル1	サンプル2	…	サンプルN	標本平均	標本範囲
1日目	x_{11}	x_{12}	…	x_{1N}	$\overline{x_1}$	R_1
2日目	x_{21}	x_{22}	…	x_{2N}	$\overline{x_2}$	R_2
⋮	⋮	⋮	⋱	⋮	⋮	⋮
k日目	x_{k1}	x_{k2}	…	x_{kN}	$\overline{x_k}$	R_k
				平均値	$\overline{\overline{X}}$	$\overline{R}$

② 標本平均に関する $\overline{X}$ 管理図の管理限界は，次のようになります．

- 上方管理限界　…　$\overline{\overline{X}} + A_2 \cdot \overline{R}$
- 中心線　…　$\overline{\overline{X}}$
- 下方管理限界　…　$\overline{\overline{X}} - A_2 \cdot \overline{R}$

A_2 は P172 の表 14.1

③ 標本範囲に関する R 管理図管理限界は，次のようになります．

- 上方管理限界　…　$D_4 \cdot \overline{R}$
- 中心線　…　$\overline{R}$
- 下方管理限界　…　$D_3 \cdot \overline{R}$

D_3, D_4 は P172 の表 14.1

解析用管理図です

■ **例題**　標本平均と標本範囲に関する $\bar{X}$-R 管理図

① 次の表を用意します.

日付	サンプル1	サンプル2	サンプル3	サンプル4	標本平均	標本範囲
1日目	17.5	15.1	14.1	14.2	15.23	3.4
2日目	15.1	15.2	13.3	14.5	14.53	1.9
3日目	14.3	15.0	15.3	17.3	15.48	3.0
4日目	15.0	16.9	15.4	15.3	15.65	1.9
⋮	⋮	⋮	⋮	⋮	⋮	⋮
11日目	16.3	15.7	16.4	16.2	16.15	0.7
12日目	15.4	15.1	13.3	16.2	15.05	2.7
13日目	14.3	13.5	13.3	13.6	13.68	1.0
14日目	14.5	15.2	15.8	16.1	15.40	1.6
				平均値	15.24	1.857

② 標本平均に関する $\bar{X}$ 管理図の管理限界は，次のようになります.

　　　上方管理限界　　$\boxed{15.24} + \boxed{0.729} \times \boxed{1.857} = \boxed{16.59}$

　　　中心線　　　　　$\boxed{15.24}$

　　　下方管理限界　　$\boxed{15.24} - \boxed{0.729} \times \boxed{1.857} = \boxed{13.89}$

③ 標本範囲に関する R 管理図の管理限界は，次のようになります.

　　　上方管理限界　　$\boxed{2.282} \times \boxed{1.857} = \boxed{4.24}$

　　　中心線　　　　　$\boxed{1.857}$

　　　下方管理限界　　$\boxed{0.000} \times \boxed{1.857} = \boxed{0}$

解析用管理図です

演習

演習 14.1

次のデータの $\bar{X}$-R 管理図を作成してください．

表

時間	サンプル1	サンプル2	サンプル3	サンプル4	サンプル5	標本平均	標本範囲
1	80	90	46	76	66		
2	74	94	44	72	49		
3	86	85	28	84	83		
4	80	88	41	73	57		
5	62	80	44	58	55		
6	79	137	51	79	76		
7	99	141	61	76	63		
8	42	65	22	27	23		
9	66	87	16	43	33		
10	120	155	73	118	110		
11	114	115	66	96	94		
12	114	137	65	95	83		
					平均値		

演習 14.2

次のデータの $\bar{X}$-R 管理図を作成してください．

表

時間	サンプル1	サンプル2	サンプル3	サンプル4	サンプル5	サンプル6	標本平均	標本範囲
1	7.78	7.53	8.79	8.25	8.23	7.66		
2	8.90	7.74	7.60	7.59	8.68	7.60		
3	8.59	7.21	7.97	8.34	8.34	7.90		
4	8.56	8.88	8.54	8.91	9.14	7.99		
5	8.19	7.64	8.50	6.96	9.00	7.49		
6	9.54	9.10	8.07	8.76	7.98	9.39		
7	7.12	7.72	7.89	7.62	8.32	8.80		
8	8.67	9.15	8.87	7.92	8.52	8.70		
9	8.68	7.64	8.67	7.60	8.65	8.39		
10	7.58	8.15	8.75	7.12	8.68	7.32		
						平均値		

★ギリシア文字一覧表★

大文字	小文字	読み方
A	α	アルファ
B	β	ベータ
Γ	γ	ガンマ
Δ	δ	デルタ
E	ε	イプシロン
Z	ζ	ゼータ
H	η	エータ
Θ	θ	シータ
I	ι	イオタ
K	κ	カッパ
Λ	λ	ラムダ
M	μ	ミュー
N	ν	ニュー
Ξ	ξ	クシー,グザイ
O	o	オミクロン
Π	π	パイ
P	ρ	ロー
Σ	σ	シグマ
T	τ	タウ
Υ	υ	ユプシロン
Φ	ϕ	ファイ
X	χ	カイ
Ψ	ψ	プシー,プサイ
Ω	ω	オメガ

数　　表

数表1　標準正規分布の各パーセント点

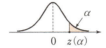

α	$z(\alpha)$	α	$z(\alpha)$
0.500	0.000	0.030	1.881
0.450	0.126	0.029	1.896
0.400	0.253	0.028	1.911
0.350	0.385	0.027	1.927
0.300	0.524	0.026	1.943
0.250	0.674	0.025	1.960
0.200	0.842	0.024	1.977
0.150	1.036	0.023	1.995
0.100	1.282	0.022	2.014
		0.021	2.034
0.050	1.645	0.020	2.054
0.049	1.655	0.019	2.075
0.048	1.665	0.018	2.097
0.047	1.675	0.017	2.120
0.046	1.685	0.016	2.144
0.045	1.695	0.015	2.170
0.044	1.706	0.014	2.197
0.043	1.717	0.013	2.226
0.042	1.728	0.012	2.257
0.041	1.739	0.011	2.290
0.040	1.751	0.010	2.326
0.039	1.762	0.009	2.366
0.038	1.774	0.008	2.409
0.037	1.787	0.007	2.457
0.036	1.799	0.006	2.512
0.035	1.812	0.005	2.576
0.034	1.825	0.004	2.652
0.033	1.838	0.003	2.748
0.032	1.852	0.002	2.878
0.031	1.866	0.001	3.090

数表 2 標準正規分布の確率

z	0.00	0.01	0.02	0.03	0.04
0.0	0.0000	0.0040	0.0080	0.0120	0.0160
0.1	0.0398	0.0438	0.0478	0.0517	0.0557
0.2	0.0793	0.0832	0.0871	0.0910	0.0948
0.3	0.1179	0.1217	0.1255	0.1293	0.1331
0.4	0.1554	0.1591	0.1628	0.1664	0.1700
0.5	0.1915	0.1950	0.1985	0.2019	0.2054
0.6	0.2257	0.2291	0.2324	0.2357	0.2389
0.7	0.2580	0.2611	0.2642	0.2673	0.2704
0.8	0.2881	0.2910	0.2939	0.2967	0.2995
0.9	0.3159	0.3186	0.3212	0.3238	0.3264
1.0	0.3413	0.3438	0.3461	0.3485	0.3508
1.1	0.3643	0.3665	0.3686	0.3708	0.3729
1.2	0.3849	0.3869	0.3888	0.3907	0.3925
1.3	0.40320	0.40490	0.40658	0.40824	0.40988
1.4	0.41924	0.42073	0.42220	0.42364	0.42507
1.5	0.43319	0.43448	0.43574	0.43699	0.43822
1.6	0.44520	0.44630	0.44738	0.44845	0.44950
1.7	0.45543	0.45637	0.45728	0.45818	0.45907
1.8	0.46407	0.46485	0.46562	0.46638	0.46712
1.9	0.47128	0.47193	0.47257	0.47320	0.47381
2.0	0.47725	0.47778	0.47831	0.47882	0.47932
2.1	0.48214	0.48257	0.48300	0.48341	0.48382
2.2	0.48610	0.48645	0.48679	0.48713	0.48745
2.3	0.48928	0.48956	0.48983	0.490097	0.490358
2.4	0.491802	0.492024	0.492240	0.492451	0.492656
2.5	0.493790	0.493963	0.494132	0.494297	0.494457
2.6	0.495339	0.495473	0.495604	0.495731	0.495855
2.7	0.496533	0.496636	0.496736	0.496833	0.496928
2.8	0.497445	0.497523	0.497599	0.497673	0.497744
2.9	0.498134	0.498193	0.498250	0.498305	0.498359
3.0	0.498650	0.498694	0.498736	0.498777	0.498817

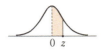

0.05	0.06	0.07	0.08	0.09
0.0199	0.0239	0.0279	0.0319	0.0359
0.0596	0.0636	0.0675	0.0714	0.0753
0.0987	0.1026	0.1064	0.1103	0.1141
0.1368	0.1406	0.1443	0.1480	0.1517
0.1736	0.1772	0.1808	0.1844	0.1879
0.2088	0.2123	0.2157	0.2190	0.2224
0.2422	0.2454	0.2486	0.2517	0.2549
0.2734	0.2764	0.2794	0.2823	0.2852
0.3023	0.3051	0.3078	0.3106	0.3133
0.3289	0.3315	0.3340	0.3365	0.3389
0.3531	0.3554	0.3577	0.3599	0.3621
0.3749	0.3770	0.3790	0.3810	0.3830
0.3944	0.3962	0.3980	0.3997	0.4015
0.41149	0.41309	0.41466	0.41621	0.41774
0.42647	0.42785	0.42922	0.43056	0.43189
0.43943	0.44062	0.44179	0.44295	0.44408
0.45053	0.45154	0.45254	0.45352	0.45449
0.45994	0.46080	0.46164	0.46246	0.46327
0.46784	0.46856	0.46926	0.46995	0.47062
0.47441	0.47500	0.47558	0.47615	0.47670
0.47982	0.48030	0.48077	0.48124	0.48169
0.48422	0.48461	0.48500	0.48537	0.48574
0.48778	0.48809	0.48840	0.48870	0.48899
0.490613	0.490863	0.491106	0.491344	0.491576
0.492857	0.493053	0.493244	0.493431	0.493613
0.494614	0.494766	0.494915	0.495060	0.495201
0.495975	0.496093	0.496207	0.496319	0.496427
0.497020	0.497110	0.497197	0.497282	0.497365
0.497814	0.497882	0.497948	0.498012	0.498074
0.498411	0.498462	0.498511	0.498559	0.498605
0.498856	0.498893	0.498930	0.498965	0.498999

数表3 自由度 m のカイ2乗分布の各パーセント点

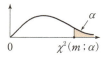

m \ a	0.975	0.950	0.050	0.025	0.010
1	982069×10^{-9}	393214×10^{-8}	3.84146	5.02389	6.63490
2	0.0506356	0.102587	5.99146	7.37776	9.21034
3	0.215795	0.351846	7.81473	9.34840	11.3449
4	0.484419	0.710723	9.48773	11.1433	13.2767
5	0.831212	1.145476	11.0705	12.8325	15.0863
6	1.237344	1.635380	12.5916	14.4494	16.8119
7	1.68987	2.16735	14.0671	16.0128	18.4753
8	2.17973	2.73264	15.5073	17.5345	20.0902
9	2.70039	3.32511	16.9190	19.0228	21.6660
10	3.24697	3.94030	18.3070	20.4832	23.2093
11	3.81575	4.57481	19.6751	21.9200	24.7250
12	4.40379	5.22603	21.0261	23.3367	26.2170
13	5.00875	5.89186	22.3620	24.7356	27.6882
14	5.62873	6.57063	23.6848	26.1189	29.1412
15	6.26214	7.26094	24.9958	27.4884	30.5779
16	6.90766	7.96165	26.2962	28.8454	31.9999
17	7.56419	8.67176	27.5871	30.1910	33.4087
18	8.23075	9.39046	28.8693	31.5264	34.8053
19	8.90652	10.1170	30.1435	32.8523	36.1909
20	9.59078	10.8508	31.4104	34.1696	37.5662
21	10.2829	11.5913	32.6706	35.4789	38.9322
22	10.9823	12.3380	33.9244	36.7807	40.2894
23	11.6886	13.0905	35.1725	38.0756	41.6384
24	12.4012	13.8484	36.4150	39.3641	42.9798
25	13.1197	14.6114	37.6525	40.6465	44.3141
26	13.8439	15.3792	38.8851	41.9232	45.6417
27	14.5734	16.1514	40.1133	43.1945	46.9629
28	15.3079	16.9279	41.3371	44.4608	48.2782
29	16.0471	17.7084	42.5570	45.7223	49.5879
30	16.7908	18.4927	43.7730	46.9792	50.8922
40	24.4330	26.5093	55.7585	59.3417	63.6907
50	32.3574	34.7643	67.5048	71.4202	76.1539
60	40.4817	43.1880	79.0819	83.2977	88.3794
70	48.7576	51.7393	90.5312	95.0232	100.425
80	57.1532	60.3915	101.879	106.629	112.329
90	65.6466	39.1260	113.145	118.136	124.116
100	74.2219	77.9295	124.342	129.561	135.807

数表 4 自由度 m の t 分布の各パーセント点

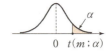

m \ α	0.100	0.050	0.025	0.010
1	3.078	6.314	12.706	31.821
2	1.886	2.920	4.303	6.965
3	1.638	2.353	3.182	4.541
4	1.533	2.132	2.776	3.747
5	1.476	2.015	2.571	3.365
6	1.440	1.943	2.447	3.143
7	1.415	1.895	2.365	2.998
8	1.397	1.860	2.306	2.896
9	1.383	1.833	2.262	2.821
10	1.372	1.812	2.228	2.764
11	1.363	1.796	2.201	2.718
12	1.356	1.782	2.179	2.681
13	1.350	1.771	2.160	2.650
14	1.345	1.761	2.145	2.624
15	1.341	1.753	2.131	2.602
16	1.337	1.746	2.120	2.583
17	1.333	1.740	2.110	2.567
18	1.330	1.734	2.101	2.552
19	1.328	1.729	2.093	2.539
20	1.325	1.725	2.086	2.528
21	1.323	1.721	2.080	2.518
22	1.321	1.717	2.074	2.508
23	1.319	1.714	2.069	2.500
24	1.318	1.711	2.064	2.492
25	1.316	1.708	2.060	2.485
26	1.315	1.706	2.056	2.479
27	1.314	1.703	2.052	2.473
28	1.313	1.701	2.048	2.467
29	1.311	1.699	2.045	2.462
30	1.310	1.697	2.042	2.457
40	1.303	1.684	2.021	2.423
58	1.296	1.672	2.002	2.392
120	1.289	1.658	1.980	2.358
∞	1.282	1.645	1.960	2.326

数表5 自由度 (m, n) の F 分布の5パーセント点

n \ m	1	2	3	4	5	6
1	161.448	199.500	215.707	224.583	230.162	233.986
2	18.513	19.000	19.164	19.247	19.296	19.330
3	10.128	9.552	9.277	9.117	9.013	8.941
4	7.709	6.944	6.591	6.388	6.256	6.163
5	6.608	5.786	5.409	5.192	5.050	4.950
6	5.987	5.143	4.757	4.534	4.387	4.284
7	5.591	4.737	4.347	4.120	3.972	3.866
8	5.318	4.459	4.066	3.838	3.687	3.581
9	5.117	4.256	3.863	3.633	3.482	3.374
10	4.965	4.103	3.708	3.478	3.326	3.217
11	4.844	3.982	3.587	3.357	3.204	3.095
12	4.747	3.885	3.490	3.259	3.106	2.996
13	4.667	3.806	3.411	3.179	3.025	2.915
14	4.600	3.739	3.344	3.112	2.958	2.848
15	4.543	3.682	3.287	3.056	2.901	2.790
16	4.494	3.634	3.239	3.007	2.852	2.741
17	4.451	3.592	3.197	2.965	2.810	2.699
18	4.414	3.555	3.160	2.928	2.773	2.661
19	4.381	3.522	3.127	2.895	2.740	2.628
20	4.351	3.493	3.098	2.866	2.711	2.599
21	4.325	3.467	3.072	2.840	2.685	2.573
22	4.301	3.443	3.049	2.817	2.661	2.549
23	4.279	3.422	3.028	2.796	2.640	2.528
24	4.260	3.403	3.009	2.776	2.621	2.508
25	4.242	3.385	2.991	2.759	2.603	2.490
26	4.225	3.369	2.975	2.743	2.587	2.474
27	4.210	3.354	2.960	2.728	2.572	2.459
28	4.196	3.340	2.947	2.714	2.558	2.445
29	4.183	3.328	2.934	2.701	2.545	2.432
30	4.171	3.316	2.922	2.690	2.534	2.421

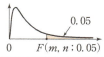

7	8	9	10	12	15	20
236.768	238.883	240.543	241.882	243.906	245.950	248.013
19.353	19.371	19.385	19.396	19.413	19.429	19.446
8.887	8.845	8.812	8.786	8.745	8.703	8.660
6.094	6.041	5.999	5.964	5.912	5.858	5.803
4.876	4.818	4.772	4.735	4.678	4.619	4.558
4.207	4.147	4.099	4.060	4.000	3.938	3.874
3.787	3.726	3.677	3.637	3.575	3.511	3.445
3.500	3.438	3.388	3.347	3.284	3.218	3.150
3.293	3.230	3.179	3.137	3.073	3.006	2.936
3.135	3.072	3.020	2.978	2.913	2.845	2.774
3.012	2.948	2.896	2.854	2.788	2.719	2.646
2.913	2.849	2.796	2.753	2.687	2.617	2.544
2.832	2.767	2.714	2.671	2.604	2.533	2.459
2.764	2.699	2.646	2.602	2.534	2.463	2.388
2.707	2.641	2.588	2.544	2.475	2.403	2.328
2.657	2.591	2.538	2.494	2.425	2.352	2.276
2.614	2.548	2.494	2.450	2.381	2.308	2.230
2.577	2.510	2.456	2.412	2.342	2.269	2.191
2.544	2.477	2.423	2.378	2.308	2.234	2.155
2.514	2.447	2.393	2.348	2.278	2.203	2.124
2.488	2.420	2.366	2.321	2.250	2.176	2.096
2.464	2.397	2.342	2.297	2.226	2.151	2.071
2.442	2.375	2.320	2.275	2.204	2.128	2.048
2.423	2.355	2.300	2.255	2.183	2.108	2.027
2.405	2.337	2.282	2.236	2.165	2.089	2.007
2.388	2.321	2.265	2.220	2.148	2.072	1.990
2.373	2.305	2.250	2.204	2.132	2.056	1.974
2.359	2.291	2.236	2.190	2.118	2.041	1.959
2.346	2.278	2.223	2.177	2.104	2.027	1.945
2.334	2.266	2.211	2.165	2.092	2.015	1.932

索　引

あ行

1元配置　128
R 管理図　176
異常判定ルール　170
X 管理図　174
F 分布　88, 188
オッズ　153
オッズ比　153

か行

回帰係数　51
回帰直線　50, 54
階級　16
カイ2乗分布　80, 186
確率　64
確率分布　65
確率変数　65
確率密度関数　68
仮説　111
片側　87
下方管理限界　165
観測度数　158
管理図　164
棄却域　81, 111
棄却限界　81
記述統計　78
期待値　66
期待度数　158
共分散　44
区間推定　92

クロス集計表　144
決定係数　57
検出力　114
検定統計量　90, 111, 118, 122, 132
効果サイズ　116
5%トリム平均　33

さ行

最小2乗法　53
最頻値　33
残差　52
散布図　40
重回帰分析　61
自由度　29
上方管理限界　165
信頼区間　94
推測統計　79
正規分布　72, 183
相関行列　45
相関係数　42, 46
相対度数　22

た行

第1種の誤り　112
第2種の誤り　112
対立仮説　111
多重比較　130
単回帰分析　61
中央値　33
中心極限定理　76

中心線　165
t 分布　84, 187
適合度検定　158
統計的検定　110
独立　152
独立性の検定　145
度数　17
度数分布表　14

な行

2項分布　70, 169

は行

ヒストグラム　14, 19
非復元抽出　70
標準正規分布　73
標準偏差　31, 34, 66, 69
標本　110
復元抽出　70
分散　31, 34, 66, 69
分散共分散行列　45
分散分析　129
分散分析表　90, 129
分布関数　67
平均　66, 69
平均値　29, 34
母集団　92
母比率　102
母比率の区間推定　103
母平均　92, 94
母平均の区間推定　93

母平均の差　118
母平均の差の検定　120
ボンフェローニの方法
　　130

や　行

有意確率　83, 87, 132

有意水準　113
予測値　51

ら　行

離散確率分布　65, 66
離散変数　65
両側検定　85

累積度数　22
連続確率分布　65
連続変数　65

著者紹介

石村 貞夫(いしむら さだお)

　1975年　早稲田大学理工学部数学科卒業
　1981年　東京都立大学大学院博士課程単位取得
　元 鶴見大学准教授
　理学博士・統計コンサルタント

NDC417　191p　21cm

だれでもわかる数理統計(すうりとうけい)

2016年9月21日　第1刷発行

著　者　石村貞夫(いしむらさだお)
発行者　鈴木哲
発行所　株式会社　講談社
　　　〒112-8001　東京都文京区音羽2-12-21
　　　　販売　(03)5395-4415
　　　　業務　(03)5395-3615
編　集　株式会社　講談社サイエンティフィク
　　　代表　矢吹俊吉
　　　〒162-0825　東京都新宿区神楽坂2-14　ノービィビル
　　　　編集　(03)3235-3701
本文データ製作　株式会社東国文化
カバー・表紙印刷　豊国印刷株式会社
本文印刷・製本　株式会社講談社

落丁本・乱丁本は購入書店名を明記の上，講談社業務宛にお送りください。送料小社負担にてお取替えいたします。なお，この本の内容についてのお問い合わせは講談社サイエンティフィク宛にお願いいたします。定価はカバーに表示してあります。

© Sadao Ishimura, 2016

本書のコピー，スキャン，デジタル化等の無断複製は著作権法上での例外を除き禁じられています。本書を代行業者等の第三者に依頼してスキャンやデジタル化することはたとえ個人や家庭内の利用でも著作権法違反です。

JCOPY ＜(社)出版者著作権管理機構　委託出版物＞

複写される場合は，その都度事前に(社)出版者著作権管理機構（電話 03-3513-6969，FAX 03-3513-6979，e-mail : info@jcopy.or.jp）の許諾を得てください。

Printed in Japan
ISBN978-4-06-156549-4